数学与人文·第八辑
Mathematics & Humanities

数学与求学

SHUXUE YU QIUXUE

主　编　丘成桐　杨　乐　季理真
副主编　张英伯

高等教育出版社·北京
HIGHER EDUCATION PRESS BEIJING
International Press

内 容 简 介

“数学与人文”丛书第八辑的主题为数学与求学。本辑推出了有关求学和教育的四个专栏：包括“大师谈教育”，登载有丘成桐先生有关中国高等教育的访谈，李大潜院士关于创新人才培养以及严加安院士关于科学与艺术的精彩文章；“昔日辉煌”，介绍了陈建功的教育艺术和思想以及华罗庚教授在中国科学技术大学的数学教育活动；“数学之路”，讲述了陈省身教授领导下的加州大学伯克利分校几何组的发展以及几何学家 F. Hirzebruch 和投资家利宪彬的数学求学之路；“数学教学”，分别由应用数学家鄂维南教授、代数学家冯克勤教授和多年讲授数学文化课程的顾沛教授与读者交流他们各自的教学方法和心得体会。此外，本辑还为读者呈现了古代亚历山大的数学，并刊登有关数论中的基本算法的专业文章的后半部分。

丛书编委会

《数学与人文》丛书序言

丘成桐

《数学与人文》是一套国际化的数学普及丛书，我们将邀请当代第一流的中外科学家谈他们的研究经历和成功经验。活跃在研究前沿的数学家们将会用轻松的文笔，通俗地介绍数学各领域激动人心的最新进展、某个数学专题精彩曲折的发展历史以及数学在现代科学技术中的广泛应用。

数学是一门很有意义、很美丽、同时也很重要的科学。从实用来讲，数学遍及物理、工程、生物、化学和经济，甚至与社会科学有很密切的关系，数学为这些学科的发展提供了必不可少的工具；同时数学对于解释自然界的纷繁现象也具有基本的重要性；可是数学也兼具诗歌与散文的内在气质，所以数学是一门很特殊的学科。它既有文学性的方面，也有应用性的方面，也可以对于认识大自然作出贡献，我本人对这几方面都很感兴趣，探讨它们之间妙趣横生的关系，让我真正享受到了研究数学的乐趣。

我想不只数学家能够体会到这种美，作为一种基本理论，物理学家和工程师也可以体会到数学的美。用一个很简单的语言解释很繁复、很自然的现象，这是数学享有“科学皇后”地位的重要原因之一。我们在中学念过最简单的平面几何，由几个简单的公理能够推出很复杂的定理，同时每一步的推理又是完全没有错误的，这是一个很美妙的现象。进一步，我们可以用现代微积分甚至更高深的数学方法来描述大自然里面的所有现象。比如，面部表情或者衣服飘动等现象，我们可以用数学来描述；还有密码的问题、电脑的各种各样的问题都可以用数学来解释。以简驭繁，这是一种很美好的感觉，就好像我们能够从朴素的外在表现，得到美的感受。这是与文化艺术共通的语言，不单是数学才有的。一幅张大千或者齐白石的国画，寥寥几笔，栩栩如生的美景便跃然纸上。

很明显，我们国家领导人早已欣赏到数学的美和数学的重要性，在 1999 年，江泽民先生在澳门濠江中学提出一个几何命题：五角星的五角套上五个环后，环环相交的五个点必定共圆，意义深远，海内外的数学家都极为欣赏这个高雅的几何命题，经过媒体的传播后，大大地激励了国人对数学的热情，我希望这套丛书也能够达到同样的效果，让数学成为我们国人文化的一部分，让我们的年轻人在中学念书时就懂得欣赏大自然的真和美。

前　言

张英伯

《数学与人文》丛书第八辑《数学与求学》与读者见面了。本辑的侧重点放在了高等教育。

在“大师谈教育”栏目中，刊登了对丘成桐教授的访谈。侃侃而谈之中，丘先生对中国的高等教育、对拔尖人才的培养，对目前学术界的风气发表了一系列的观点和评论，正如先生一贯的风格，犀利而尖锐。而另一篇丘教授在北京师范大学附属中学的演讲则向读者展示了“学问、文化与美”。在“创新人才培养面面观”一文中，李大潜院士阐述了他对培养科技人才的见解和设想。严加安院士的“科学与艺术有共性也有交融”一文，则体现出一位数学家的艺术修养。

在“数学人生”栏目中，几何学家郑绍远教授介绍了“丘成桐与几何分析”。

在“昔日辉煌”栏目中，我们继续刊登“抗战前的清华大学数学系”，介绍了“陈建功的教育艺术和思想”，以及 20 世纪 50—60 年代华罗庚教授在中国科学技术大学的数学教育活动。

特别有趣的栏目是“数学之路”，几何学家 Robet E. Greene 生动地描写了陈省身教授领导下的加州大学伯克利分校几何组的发展，并提供了他在普林斯顿大学数学系读书时一张珍贵的照片。几何学家 F. Hirzebruch 的文章“我为什么喜欢陈和陈类”，讲述了他的数学生涯。利宪彬先生是一位投资家而非数学家，他在“一个投资家的数学之旅”中满怀深情地回忆了在普林斯顿大学数学系的学习，这段经历使他受益终生。

“数学教学”栏目分别由应用数学家鄂维南教授、代数学家冯克勤教授和多年讲授数学文化课程的顾沛教授与读者交流他们各自的教学方法和心得体会。

“数海钩沉”栏目回顾了 20 世纪 70 年代美国数学家代表团访问中国数学界的观感，介绍了古代亚历山大的数学。

“数学科学”栏目刊登了王元先生所译“数论中的基本算法”后半部分。

《数学与人文》丛书将继续着力贯彻“让数学成为国人文化的一部分”的宗旨，展示数学丰富多彩的方面，让数学贴近公众，让公众走近数学！

目　录

不要以为自己穷就什么事也不能做

——数学大师丘成桐谈拔尖创新人才培养

卢小兵、徐　雯、王　飞

丘成桐，哈佛大学 William Casper Graustein 讲座教授、数学系主任，当代数学大师。美国科学院院士，俄罗斯科学院与中国科学院外籍院士。年仅 33 岁就获得代表数学界最高荣誉的菲尔兹奖（1982 年），是麦克阿瑟天才奖（1985 年）、瑞典皇家科学院克拉福德奖（1994 年）、美国国家科学奖（1997 年）等众多大奖获得者。

他为数学而生，他有大开大阖的气度，有直达本质的魄力，只要碰到难题，他就硬要把它砸开。这是数学大师丘成桐的人生写照。

他说，1969 年自己离开中国前往美国，40 年来，中国的数学研究与国际先进水平一直存在着距离，而他本人也一直为此感到遗憾。

他说，中国经济取得的成就让世界瞩目，可百年树人、做学问比经济发展要来得更困难、也更重要。他希望自己能真正地做些事情。

他希望中国能有更好的学术氛围，让更多的年轻人尽快成长。就像年轻时痛痛快快做一场学问一样，他希望不受外在因素的干扰，为中国一流数学学科的发展、为拔尖创新人才的培养梦圆清华。

近日，丘成桐出任新成立的清华大学数学科学中心主任一职，并接受了笔者的专访。

——题记

大学要有活力关键要给年轻人成长的空间

问：我拜读了您近年来在国内发表的一些演讲，发现您对高等教育、对人才培养的问题十分关注。清华大学数学系主任肖杰教授说，您对人才培养的瘾头大得很。作为一位数学大师，您为什么对人才培养问题如此倾心？对中国大学的拔尖创新人才培养您近来有哪些新的思考？

丘成桐（以下简称丘）：人才培养是一个国家的命脉。无论古今中外，国家的强盛都要靠人才，没有人才无法成为一流大国。肖杰教授说我瘾头很大，这其实跟瘾头无关。在美国，各领域的领军人才很多，可他们最担心的还是人才，年复一年不停讨论的问题是怎样培养更多的人才，怎样让人才更好地成长。这是美国强国的一个主要原因。

我从 20 世纪 60 年代到美国，至今已有 40 年了。我发现美国大学的数学系基本上讨论的主要问题都是怎么提拔年轻人，而且提拔的都是很年轻的人。他们认为这关系到整个学校的前途，也关系到整个社会的前途。举例来讲，我们哈佛大学数学系基本上是全世界公认的最好的数学系，最近我们请了 3 位非常年轻的教授做终身教授，3 人的平均年龄不超过 30 岁。这样的例子在国外也少有。可我们认为提拔年轻人是我们最重要的做法，这使我们的数学系甚至整个美国的数学能够始终不停地生长生存。这是很重要的事情。

中国对年轻人的重视还不够，事实上许多人还不习惯看到年轻人很早就冒出来做重要的决策，不论是行政上的还是学术上的。

世界上有这样一个现象：很多重要的工作都是科学家在 20 多岁的时候做出来的，许多大物理学家、大数学家都是这样。一般来讲，一个数学家、一个科学家主要的工作在 40 岁以前一定可以看出来，很多是 30 岁以前就看出来了。如果到 40 岁都看不出来的话，基本上他的前途就不太乐观了。当然也有例外，但大部分一流的科学家在 40 岁前，他们的成就已经可以看得很清楚了。

美国的大学之所以有活力，就是因为他们大量地提拔三四十岁的年轻教授。年轻教授的薪水有时候比资深教授还要高，有的高很多。我记得我 28 岁的时候薪水基本上在整个数学系排名第三。美国的大学愿意做这种事，因为他们认为年轻教授很重要。同时更重要的一点就是，美国的资深教授愿意接受这个事实。他们愿意承认很多年轻学者所做的学问比他们这些年纪大的重要，即便年轻教授做得没有他们好，他们也愿意让一些位置给年轻教授，从而让他们能够很好地成长。中国还做不到这一点。这是很重要的区别。在培养和引进人才上，中国始终没抓住这一点。需要充分认识年轻人的重要性。问题是怎样去寻找他们、培养他们、吸引他们。20 多岁学问就做得很好的学者，我认为中国应该花很大工夫去请他们回来。因为我们的学问是希望在中国做而不是在国外做。很多伟大的华人科学家拿了诺贝尔奖，都是在国外拿的，因为工作是在外边做的。我总是希望在清华、在中国本土做这些工作，在中国本土培养比在外边成长更重要。

要在本科阶段培养一批最好的学生

问：今年秋季清华大学开始启动“清华学堂人才培养计划”，您亲自指导“清华学堂数学班”的建设。您还出任了清华大学数学科学中心主任一职。请问您对清华数学拔尖创新人才的培养有怎样的考虑和计划？您认为应该怎样推进年轻的拔尖人才快速成长？

丘：清华大学有全国最好的学生。我们希望这批最好的高中生进入清华后，能够好好地在本科阶段培养他们。所以我们在本科成立了这个比较特殊的班级，教授他们扎扎实实的学问。中国有些大学进去时很困难，可是进去后却很松懈，学生没能好好念书。事实就是近 10 多年来，中国的大学生入学时很好，可是在大学期间没有得到悉心的培养，学生自以为达到了水平，可毕业后跟国际水平差得很远。学生不晓得，教授也不在乎，结果在全世界的竞争上差了很多，比 10 多年前毕业的学生差很远。我不能够重复这个事实。

首先要在本科阶段培养一批最好的学生，让他们能够继续努力下去。据我了解，目前在中国的名校中，实力最强的数学系每年有 150 多个学生毕业，但真正能够继续做纯数学的不超过两三个。从事跟数学有关的专业，如统计等，加起来也不过七八个的样子，不超过 10 个。这对整个国家的投资来讲是很可悲的。150 多个毕业生中，出来的才有几个人能够真正在数学上有贡献，有多大贡献还不清楚，至少比例实在不高。

哈佛大学数学系每年有 20 多个本科毕业生，百分之六七十都是继续做学问的，很多已经成为国际上有名的大师，许多名校里的大教授都是哈佛的本科毕业生。哈佛的博士生去年（2008 年）有 12 个毕业，其中 10 个继续在名校里做教授或助理教授，比例是 12 : 10。所以你可以看得出来，环境、学术思想都完全不一样。我希望，本科生培养要能够让他们真学到一些东西，能够跟国际上有竞争的能力。坦白地讲，现在中国高校的本科生在数学方面基本上没有国际竞争的能力，除了很少数的几个以外。他们往往需要到了国外再重新将基本的科目念好一点。这是不幸的事情。所以我要在这方面花点工夫。

研究生培养方面，中国改革开放 30 年来确实培养了几个很好的博士（数学学科），可是 30 年来全国这么多人口才培养了几个，那是相差很远、绝对不够的。因此也要重点培养研究生。研究生以后就是整个中国数学的前途，希望能够培养他们尽快成长。成长起来的这些幼苗还要继续培养，希望在清华这样的名校里能够保护他们，让他们健康成长。只要能够真正让他们成长，我想中国的数学很快就能上去。举个例子来讲，清华 5 年前请来了几位法国教授，他们在这期间带了六七个学生，带了两年，又送到法国去将近 3 年，5 年后他们写的论文就是世界一流的。这表示清华的学生是绝对有能力的，现在的问题就是要好好带领他们。要让有学问的学者带领他们，给予真正精心的培养。我们的学生其实都很用功，都很愿意学，可是往往不晓得怎么去学，怎么跟名师去走他的路。这批外国人很好，他们真的专心专意培养学生，所以学生很快就成长起来了。

不要以为自己穷就什么事也不能做

问：您在清华大学数学科学中心挂牌当天给学生演讲的题目很有意思——“从清末与日本明治维新到二次大战前后数学人才培养之比较”。为什么选这个题目？通过演讲您要表达什么观点？

丘：在 19 世纪以前，日本数学跟中国是没法比的，但近 100 年日本的数学比中国要好得多，培养了很多大师。为什么 100 年内他们培养得这么成功？我想有很多值得我们学习的地方。很重要的一点就是学术气氛。日本从英国学习绅士的作风，就是要尊重对方，不会互相为了一些无聊的事乱搞。日本的学术界有他一定的作风，值得尊重。

问：怎么又联系到二战了呢？

丘：日本人在二战的时候学问做得最好，这是很奇怪的事情。二战后期日本可以说是民穷财尽，可就在 20 世纪 40 年代，却产生了一大批最伟大的数学家。在最穷的时候能够发展出最好的数学，所以我想中国应当晓得，不要以为自己穷就什么事也不能做。

问：我知道您对中国高等教育历史上的西南联大时期很欣赏。

丘：西南联大当然是很有学术气氛的一个地方，培养了不少人才。不过你要知道西南联大跟东京大学的分别。西南联大是培养了一大批年轻人，可是很多人最后成才是在外国不是在本土。日本那一批是在日本做出来的第一流的工作，而且是划时代的第一流的工作。这是没法比的。

在有人才的地方培养人才

问：您的恩师陈省身先生曾在清华大学任教。您选择把清华作为人才培养的重要基地，是否跟陈先生有着千丝万缕的联系？清华即将迎来百年校庆，正在努力跻身世界一流大学的行列，您对清华的发展以及清华培养拔尖创新人才的做法有何评价和建议？

丘：我的老师陈省身是在清华成长的，也在清华任过教。当时中国几个主要的数学大师都是在清华成长的，包括华罗庚先生、许宝騄先生，好几个都是。清华的传统很重要，清华的学生也很踏实。我在国外碰到很多清华的学生，我觉得他们很不错，态度很好。所以我想，既然清华能够招收最好的学生，态度也不错，学风也不错，希望能够帮他们一些忙。毕竟中国要成为人才大国，只能够在有人才的地方培养人才。

问：“清华学堂数学班”目前第一届有 16 名学生，第二届有 14 名学生，如果比较理想的话，您希望将来真正以数学为终身职业的学生比例能达到多少？

丘：哈佛每届的本科生有 20 多个，其中一半以上是出类拔萃的，有几个学生的论文可以达到在世界一流杂志发表的水平。清华能不能够做成，第一步我们先看看，希望能够做成。这跟指导的教授有关，所以我们请了一大批好的教授，也希望从海外请一批人来帮忙，希望很快能够达到这个水平。

教师要真正花工夫去教学生这是很重要的事

问：您觉得学生在教学中应该扮演什么样的角色，您对清华的学生有什么期待和寄语？

丘：学生应该多找老师谈谈嘛，我从前在香港念大学的时候就常去找老师讨论问题。要多看一些书，多跟老师探讨书本上的问题。中国学生因为功课繁忙不大看课外书，要多看课外书，多跟老师交流。其实来访问的学者，从外国到中国、到北京来的访问学者很多，多找他们谈谈，找名师谈谈，要找些有意义的问题。

问：您刚才提到清华的学生到了哈佛之后基础知识比哈佛的学生要差一点，请问具体体现在哪些方面？

丘：清华学生的基础知识没有美国学生学的多。可能媒体不大相信，美国的本科生其实是很用功的，哈佛的本科生念书很多是念到晚上 12 点才睡觉的，花很多时间在念书上，上课的时候也老问老师问题。清华的学生我想一方面是学习的内容、看的书跟他们不一样、科目不同，看的课外书比较少。同时哈佛的老师大多是某一领域的顶尖专家，学术水平非常高，所以能够讲清楚学科的方向。不过清华学生有个好处，就是特别用功。一个人的学习环境很重要。假如你的同辈或者你班上的同学，有一个人很用功，在学术上有出色表现的话，你会受到感染，觉得兴奋，念书也会念得比较起劲；如果老师是比较一流的大师，你念书也会念得比较勤奋，这都是有关系的。

问：您刚才提到“清华学堂数学班”要为学生创造良好的环境让他们专心研究学术，那您认为有什么措施能够保护学生，让他们在一个更好的学习氛围中成长？

丘：我想我们有很好的老师，我们要让学生觉得对学习是有兴趣的，能够带给他们最好的指导。我们平时负责教他们的都是专家，他们知道这个科目是怎么教的，书和教材都要挑好的。一个教师要真正花工夫去教学生，这是很重要的事情。中国有些教授认为教学生不是他们的责任，不愿意花时间在学生身上。我们这个“清华学堂数学班”是希望教师亲自来教学生的，这是态度问题。在哈佛大学，大教授、名教授都认为，教本科生、从本科开始带学生，这是我们的责任，很重要的责任。

本文原载于《科学时报》，2010 年 2 月 8 日。原题为“本土培养更重要——专访数学家丘成桐”。

学问、文化与美

——在北京师范大学附属中学的演讲

丘成桐

今天非常高兴能来到北京师范大学附属中学。北京师范大学附属中学是一座历史非常悠久的学校，到今年已经成立 110 周年了，历史上培养了很多人才，我在这表示钦佩。中学是培养人才非常重要的阶段，所以我非常愿意和中学生交流。由于中学生数学奖的评选，我也了解了国内中学的一些情况，总的来说很不错，但是也有一些需要改进的地方。其实我没有受过教师的训练，也没有在中学教过书，我今天来到这里，主要想结合我自己的亲身经历来谈谈我对中学教育尤其是中学数学教育的看法。

启蒙教育往往奠定一生事业的基础

一位中学生首先受到的教育是家庭教育，所以我结合个人的成长经验先谈谈家庭教育。

我在 1960 年通过考试到香港培正中学读书，培正中学是一所非常有名的学校。而我的小学教育是在香港的乡村完成的，连最基本的英文和算术都不够水平，所以念中学一年级需要比较用功才能追上培正的课程。但是在乡下的学校闲散惯了，始终提不起很大的兴趣念书。当时的班主任是一位叫叶息机的女老师，培正当时每学期有三段考试，每段结束时，老师会写评语。第一期叶老师说我多言多动，第二期说我仍多言多动，最后一期结语说略有进步，可见我当时读书的光景。

所幸先父母对我管教甚严。先父丘镇英，1935 年厦门大学政治经济学专业毕业，翌年进入日本早稻田大学大学院深造，专攻政治制度与政治思想史。先父当学院教授的时候，学生常到家中论学，使我感受良多。我 10 岁时，父亲要求我和我的大哥练习柳公权的书法，念唐诗、宋词，背诵古文。这些文章到现在我还可以背下来，做学问和做人的态度，在文章中都体现出来。

我们爱看武侠小说，父亲觉得这些小说素质不高，便买了很多章回小说，还要求孩子们背诵里面的诗词，比如《红楼梦》里的诗词。后来，父亲还让我读鲁迅、王国维、冯友兰等的著作，以及西方的书籍如歌德的《浮士德》等。这些书看起来与我后来研究的数学没有什么关系，但是这些著作中所蕴涵的思想对我后来的研究产生深刻的影响。

我小时候家里很穷，虽然父亲是大学教师，但薪水很低，家里入不敷出。我至今非常感激父母从来没有鼓励我为了追求物质生活而读书，总是希望我们有一个崇高的志愿。他在哲学上的看法，尤其是述说希腊哲学家的操守和寻求大自然的真和美，使我觉得数学是一个高尚而雅致的学科。父亲在所著《西洋哲学史》的引言中引用了《文心雕龙 · 诸子篇》的一段："嗟夫，身与时舛，志共道申，标心于万古之上，而送怀于千载之下。"这一段话激励我，使我立志清高，也希望有所创作，能够传诸后世。我父亲一直关心着国家大事，常常教育子女，做人立志必须以国家为前提。我也很喜欢读司马迁的作品。司马迁的"究天人之际"正可以来描述一个读书人应有的志向。

一个学者的成长就像鱼在水中游泳，鸟在空中飞翔，树在林中长大一样，受到周边环境的影响。历史上未曾出现过一个大科学家在没有文化的背景里，能够创造伟大发明的。比如爱因斯坦年轻时受到的都是一流的教育。

一个成功的学者需要吸收历史上累积下来的成果，并且与当代的学者切磋产生共鸣。人生很短，无论一个人多聪明，多有天分，也不可能漠视几千年来伟大学者共同努力得来的成果。这是人类了解大自然、了解人生、了解人际关系累积下来的经验，不是一朝一夕所能够成就的，所以一个人小的时候博览群书是非常重要的。有人自认为天赋很高，不读书就可以做出很多题，在我看来是没有意义的。四十年多来，我所接触的世界上知名的数学家、物理学家、社会学家还没有这样的天才。

最近有一位日本 80 后作家加藤嘉一在新书《中国的逻辑》中谈到在中国，知识非常廉价。中国的物价、房价都在涨，独书价不涨。书价便宜的原因是买书的人少。中国的文化是很深厚的，如果你们青年人不读书，几千年的文化不能传承。不论经济怎么发展，但是文化不发展，中国都不可能成为大国。所以我希望大家多看书，看有意义的书，这是一件有意义的事情。

在小学学习的数学不能引起我的兴趣，除了简单的四则运算外，就是鸡兔同笼等问题，因此我将大部分时间花在看书和到山间田野去玩耍，也背诵先父教导的古文和诗词，反而有益身心。

在初中一年级，我开始学习线性方程，这使我觉得兴奋。因为从前用公式解答鸡兔同笼问题，现在可以用线性方程组来解答，不用记公式而是做一些有挑战性的事情，让我觉得很兴奋，成绩也比小学的时候好。我父亲在我读 9 年级（初中三年级）的时候就去世了。先父的去世使我们一家陷入困境。但母亲坚持认为孩子们应该继续学业。尽管当时我有政府的奖学金，但仍不够支付我所有的费用。因此我利用业余时间给小孩子做家教挣钱。

我参考了历史上著名学者的生平，发现大部分成名的学者都有良好的家庭背景。人的成长规律很多，原因也很多，相关的学术观点也莫衷一是。但是良好的家教，无论如何都是非常重要的。童年的教育对一个孩子的影响是重要的，启蒙教育是不可替代的，它往往奠定了一生事业的基础。虽然一位家长可能受教育的程度不高，但是他在孩子很小的时候仍然能够培养孩子的学习习惯和学习乐趣。对孩子们来说，学到多少知识并不是最重要的，兴趣的培养，才是决定其终身事业的关键。我小学的成绩并不理想，但我父亲培养了我学习的兴趣，成为我一生中永不枯竭的动力，可以学到任何想学的东西。相比之下，中国式的教育往往注重知识的灌输，而忽略了孩子们兴趣的培养，甚至有的人终其一生也没有领略到做学问的兴趣。

无论如何，学生回家以后，一定要有温习的空间和时间；遇到挫折的时候，需要家长的安慰和鼓励。这是很重要的事情。

另外，家长和老师需要有一个良好的交流渠道，才会知道孩子遇到的问题。现在有些家长都在做事，没有时间教导小孩，听任小孩放纵，反而要求学校负责孩子的一切，这是不负责任的。反过来说，由于只有一个小孩的缘故，父母很宠爱小孩，望子成龙。很多家长对小孩期望太高，往往要求他们读一些超乎他们能力的课程。略有成就，就说他们的孩子是天才，却不知是害了孩子。每个人应该努力了解自己的能力，努力学习。

平面几何提供了中学期间唯一的逻辑训练

平面几何的学习是我个人数学生涯的开始。在初中二年级学习平面几何，第一次接触到简洁优雅的几何定理，使我赞叹几何的美丽。欧氏《几何原本》流传两千多年，是一本流传之广仅次于《圣经》的著作。这是有它的理由的。它影响了整个西方科学的发展。17 世纪，牛顿的名著《自然哲学的数学原理》的想法，就是由欧氏几何的推理方法来构想的。用三个力学原理推导星体的运行，开近代科学的先河。到近代，爱因斯坦的统一场论的基本想法是用欧氏几何的想法构想的。

平面几何所提供的不单是漂亮而重要的几何定理，更重要的是它提供了在中学期间唯一的逻辑训练，是每一个年轻人所必需的知识。一个很有名的例子，江泽民主席在澳门濠江中学提出的五点共圆的问题。我第一次听说非常有意思，很多人都从基本定理出发推导这个定理。我很惊讶地听说，很多数学教育家们坚持不教证明，原因是学生们不容易接受这种思考。诚然，一个没有经过逻辑思想训练的学生接受这种训练是有代价的，怎样训练逻辑思考是比中学学习其他学科更为重要的问题。将来无论你是做科学家，是做政治家，还是做一个成功的商人，都需要有系统的逻辑训练，我希望我们中学把这种逻辑训练继续下去。中国科学的发展都与这个有关。

明朝时利玛窦与徐光启翻译了《几何原本》这本书，徐光启认为这本书的伟大在于一环扣一环，能够将数学解释清楚明了，是了不起的著作。开始中国数学家不能接受，到清朝康熙年间的几何，只讲定理的内容不讲证明，影响了中国近代科学的发展。

几何学影响近代科学的发展，包括工程学、物理学等，其中一个极为重要的概念就是对称。希腊人喜爱柏拉图多面体，就是因为它们具有极好的对称性。他们甚至把它们与宇宙的五个元素联系起来：

- 火 – 正四面体
- 土 – 正六面体
- 气 – 正八面体
- 水 – 正二十面体
- 正十二面体代表第五元素，乃是宇宙的基本要素。

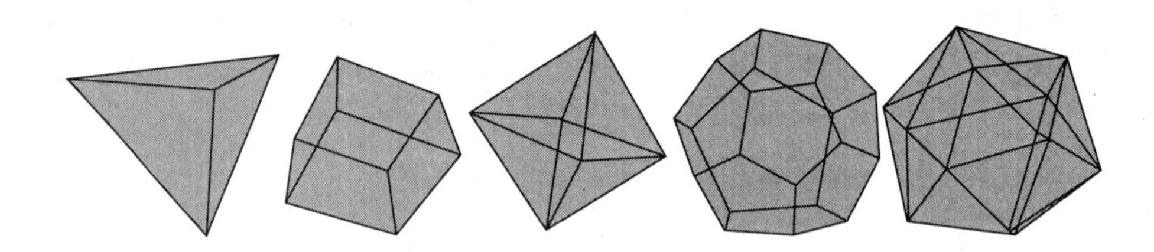

这种解释大自然的方法虽然并不成功，但是对称的观念却自始至终地左右了物理学的发展，并终于演化成群的观念。到 20 世纪影响高能物理的计算以及基本观点的形成，这个概念今天已经贯穿到现代数学和物理及其他自然科学和工程应用等许多领域。

我个人认为，即便在目前应试教育的非理想框架下，有条件的、好的学生也应该在中学时期就学习并掌握微积分及群的基本概念，并将它们运用到对中学数学和物理等的学习和理解中去。牛顿等人因为物理学的需要而发现了微积分。而我们中学物理课为什么难教难学，恐怕主因就是要避免用到微积分和群论，并为此而绞尽脑汁，千方百计。这等于是背离了物理学发展的自然和历史的规律。

至于三角代数方程、概率论和简单的微积分都是重要的学科，这对于以后想学理工科或经济金融的学生都极为重要。

音乐、美术、体育对学问和人格训练都至为重要

我还想谈谈音乐、美术、体育以及这些课程与数学的关系。柏拉图于《理想国》中以体育和音乐为教育之基，体能的训练让我们能够集中精神，音乐和美术则能陶冶性情。从古代希腊人和儒家教育都注重这两方面的训练，他们对学问和人格训练至为重要。

从表面上看，音乐的美是用耳朵来感受的，美术的美是用眼睛来感觉的，但是对美的感觉都是一种身心感受，数学本身就是追求美的过程。20 世纪伟大的法国几何学家 É. Cartan 也说："在听数学大师演说数学时，我感觉到一片的平静和有着纯真的喜悦。这种感觉大概就如贝多芬（Beethoven）在作曲时让音乐在他灵魂深处表现出来一样。"

美术，是以一定的物质材料，塑造可视的平面或立体形象，来反映客观世界和表达对客观世界的感受的一种艺术形式。而几何也是描述我们看到的、心里感受到的形象。而数学家也极为注重美的追求，也注意到美的表现。伟大的数学家、物理学家 Herman Weyl 就说过：假如我要在大自然的真和数学里面的美做一个选择的话，我宁愿选择美。很幸运的是：自然界的真往往是极为美妙的。真的要做点学问的话，就要懂得什么叫美，如何在各种现象中找到美的感觉，数学的定理有几千万，如何选择完全凭个人的训练感受。

普林斯顿高等研究院的徽章就体现了真和美，左手面是裸体的女神，右手面是穿着衣服的女神。无论文学家、美术家、音乐家或数学家都在不断地发掘美，表达他们由大自然中感受到的美。一个画家要画山水画，到三峡到泰山到喜马拉雅山看到的风景是不同的，你没有去过一切都是空谈。我们看某个风景的图片和亲自去感受是不同的，所以做学问也是同样道理，只有身临其境才知道什么是真的好，是真的美。

现在来谈谈体育。无论希腊哲学也好，儒家哲学也好，都注重体魄的训练。亚里士多德认为希腊人有超卓的意志 (high mindedness)，意指希腊人昂昂然若千里之驹，自视甚尊，怜人而不为人怜，奴人而不为人奴。正如孟子所谓"富贵不能淫，贫贱不能移，威武不能屈"。做学问的人也要有这样的气概。综观古今，大部分数学家主要贡献都在年轻时代，这点与青年人有良好的体魄有关。有了良好的体魄，在解决问题时，才能集中精神。重要的问题往往要经过多年持久地集中精力才能够解决。正如荷马史诗里面描述的英雄，不怕艰苦，勇往直前，又或如玄奘西行，有好的体魄才能成功。

学习的过程不见得都是渐进，有时也容许突进

现在有很多教育家反对学生记熟一些公式，凡事都需由基本原理来推导，我想这是一个很错误的想法。有些事情推导比结论更重要，但是有些时候是

不可能这样做的。做学问往往在前人的基础上向前发展。我们不可能什么都懂，必须基于前人做过的学问来向前发展，通过反复思考前人的学问才能理解对整个学问的宏观看法。跳着向前发展，再反思前人的成果。当年我们都背乘数表，而事实上任何一个科学家都懂得如何去推导乘数表，物理学家或工程学家大量利用数学家推导的数学公式而不发生疑问，然而科学还是不停地进步。可见学习的过程不见得都是渐进，有时也容许突进。我讲这个例子不是让大家偷懒，不会就算了，而是希望大家不要因为有些不懂就放弃，就停滞不前。

举一个有名的例子，就是 $\exp(\mathrm{i}\theta)=\cos\theta+\mathrm{i}\sin\theta$，三角函数中比较重要的定理都可以由这个公式推导。我们不难推导它，但是有些学者坚持中学生要找到它的直观意义，可能你找不到直观意义，但是可以一步一步推导，推导以后就可以向前研究了。

很多中学都不教微积分，其实中世纪科学革命的基础在于微积分的建立，而我们的孩子不懂得微积分，等于是回复到中世纪以前的黑暗时代，实在可惜。

我听说很多小学或是中学的老师希望学生用规定的方法学习，得到老师规定的答案才给满分，我觉得这是错误的。数学题的解法是有很多的，比如勾股定理的证明方法至少有几十种，不同的证明方法帮助我们理解定理的内容。19 世纪的数学家高斯，用不同的方法构造正十七边形，不同的方法来自不同的想法，不同的想法导致不同方向的发展。所以数学题的每种解法有其深厚的意义，你会领会不同的思想，所以我们要允许学生用不同的方法来解决。

实际上，很多工程师甚至物理学家有时并不严格地理解他们用来解决他们问题的方法，但是他们知道如何去用这个方法。对于那些关心如何严格推导数学方法的数学家来说，很多时候也是知道结果然后去推导，所以我们要明白学习的方法有时候需要倒过来考虑问题，先知道做什么，再知道为什么这样做。要灵活处理这些关系。

我们需要有新的能量使他跳跃

物理学的基本定律说物体总是寻找最低能量的状态，在这种状态下才是最稳定的。你们的学习态度包括我自己基本也有同样的状况。人总是希望找到各种理由，使得有时间去做他喜欢的事。就如电子在一定轨道上运行，因为这是它的能量所容许的，但有其他能量激发这些电子后，它可以跳跃。对孩子的学习，我们也需要有新的能量激发使他跳跃。

这种激发除了考试的分数，也来自老师的课堂教学，例如一些有趣的问题，或者非常有名的数学家的故事，都会引起学生的兴趣，学生都喜欢听故事，历史上有趣的故事很多，值得学生们学习。

美国的中学注重通才教育，数学以外的学科，例如文学、物理学、哲学，都会刺激学生的思考能力，值得鼓励。

中小学要特别注重对学生独立人格和品性的培养

假如学生在学校里不能学习与人相处，并享受到它的好处，就不如在家里请一位家庭教师来教导。现代社会乃是一个合群的社会，学生必须学习与同学相处，并尊重有能力有学问的老师和同学。学生必须懂得如何尊重同学的长处，帮助有需要的同学。学生要培养与他人沟通合作的能力、独立思考的能力、团队协作的精神，对周围人和对社会的责任感等，并在这种环境中去训练自己。

美国的教学体系，有很多值得我们学习，虽然这也不是一个理想化的体系。比如美国的高中和大学对成绩就不给出分数，只给出 A，B，C，D。这不是件坏事情，可以削弱学生之间不必要的竞争。为分数的斤斤计较以及争夺班里的第一名，会破坏学生之间的合作，集体的力量得不到尊重。中小学教育里特别注重于对学生独立人格和品性的培养，学生的个性和个人特点也受到充分的尊重和肯定。不少学校把对个人品德的要求按头一个字母缩写成 pride（荣誉），即 perseverance（坚持），respect（尊重），integrity（正直），diligence（勤奋），excellence（优秀），作为学生自我要求的基本要点。这种美德的评价要尊重人的本性。对于学生本人，要形成自己独立的价值观。

对中学生来说，永保一颗纯真的童心，保持人与生俱来的求知欲和创造能力，展示自己的个性，这对今后的学习和工作是至关重要的。衷心地希望在座的各位可爱的孩子们快快乐乐、健康地成长。

作者注：感谢季理真教授、郑方阳教授、曹怀东夫妇及王丽萍编辑对本文提出的建议及所做的工作。

赠《明报月刊》“人生小语”

丘成桐

《尚书 · 大禹谟》曰：“惟德动天，无远弗届；满招损，谦受益，时乃天道。”

际此国力兴隆之日，愿我们以立德为尚，以谦虚为处世之方。

丘成桐

二零一零年二月十一日

创新人才培养面面观

李大潜

加快建设创新型国家已经成为我们国家的一项重要战略目标。关于加快创新人才的培养近年来也成了一个热门的话题。很多高校在大学本科已经纷纷开办了以培养拔尖创新人才为目标的专门班级，其中的一部分经过评审将进入教育部所实施的“基础学科拔尖学生培养试验计划”，每个班级以 20 人计算将取得每人每年 10 万元的资助。在这样的形势下，认真研究和深入思考创新人才的培养问题，使这样的教学改革试验能更好地符合创新人才的成长规律，达到预期的效果，无疑是十分必要的。下面，我愿意将我自己最近以来的一些想法和看法与大家分享，期望在得到大家的批评与指教后，在认识上能更加深入一步。

什么是创新？我查了《辞海》，没有发现这一个条目；也没有发现“创新型国家”的条目。但《辞海》中有“创始”，解释为“首创”；有“创见”，解释为“独到的见解”；有“创造”，解释为“做出前所未有的事情”，等等。因此可以大体上对“创新”这个词汇有一个了解，但要给出一个精确的定义，恐怕要请有关的专家来做。然而，一个名词的意义如果不能精确地从正面加以刻画，有时却可以从它的反面来理解。“创新”的反面或对偶是什么呢？大概是“守旧”吧。这样，不是守旧，就应是创新。至于它的效果是正面还是反面？它的影响是大还是小？在字面上是没有明确界定的。然而，我们现在所说的创新，我们心目中的创新，在概念、思想、方法、工作、产品等方面，通常指的是带来积极效果的那些；同时，也不会满足于没有什么重要影响的鸡毛蒜皮的小事情，而应该是在人类认识世界与改造世界过程中起着相当重要作用、至少在一定的领域中有着相当重要影响的那些东西。这是我们满腔热情对待创新的心理依据，也是我们不成文的共同约定。但是就字面的意义来说，有些“创新”也可能带来坏的效果，甚至能引起很大的破坏作用，对此我们要加以防范或避免；而有些“创新”也可能只具有很小的规模或意义，我们不应沾沾自喜、止步不前，而是要将其引导到更大的范围及更大的作用方面，努力将小的创新发展为大的创新。

什么是创新人才？创新不是哪一个领域或哪一类人的专利，更不是少数人的专利，任何一个行当都会有相应的创新人才。第一个吃螃蟹的人，不仅像鲁迅所说的那样，是一个勇士，也应该算是一个大胆创新的人才。在生产第一线的工人农民中，那些技术革新能手，那些劳动模范，理所当然地应是相关领域中的创新人才。在科学技术领域中，第一个发明电灯的、第一个发明飞机的、第一个发明无线电报的都已在科学史上占据了显赫的地位，无疑是创新人才。在基础科学领域中，牛顿、麦克斯韦、爱因斯坦以及为量子力学的诞生作出过重要贡献的好些科学家，当然属于拔尖的创新人才。在这些人中，还应该包括阿基米德、莱布尼茨、欧拉、高斯等一大批著名的数学家。这些人是创新人才中的佼佼者，他们的创新贡献历史上早有定评，当然不会引起任何争议。困难的是对我们现在所要培养的创新人才究竟如何界定。如果要进行验收，究竟用怎样的指标来进行评估呢？如果一个校友获得了科学上的诺贝尔奖，那自然无话可说，但看看现在一些学校在宣传自己的办学业绩时摆出的成绩，常常有某某校友已担任了什么领导职务，某某校友已成为国外某某大学的教授，某某校友已入选什么人才系列等提法，难道一个在事业上比较成功的校友就必然是一个货真价实的创新人才吗？难道在现行评审制度尚不健全、甚至漏洞很多的情况下，就用这种简单的界定方法来认定，就用这些不高而且含糊的标准来要求吗？如果是这样，每个学校讲起自己的办学业绩来都可以头头是道，都已经做得很不错，又何必再大力提倡加强创新人才的培养呢？我觉得，创新人才应该完全由其客观上的创新业绩来界定，而不应该是其他，也不应该循环论证：从本应由其创新业绩而获得的荣誉来反过来证明其为创新人才；同时，对创新的业绩还应该坚持一个较高的标准。我们要将奋斗的目标锁定在真正培养出一些出类拔萃的创新人才上。这样，我们的教育才有希望，我们的国家才有希望。

在大学的学习过程中能否培养出创新人才？或者说，什么是大学在创新人才培养中的正确定位呢？一个好的大学，一定能源源不断地向国家、向社会输送各方面的杰出人才。但是，“十年树木，百年树人”，一个人要真正成才，并做出创新的业绩，真正成为一个出类拔萃的创新人才，除了极个别的情况外，通常总要经过十至二十年的工作历练，才能逐步变得成熟并显露出来，是不可能一蹴而就的；一个大学在现阶段的办学业绩也应该经过这样一段时间的考验才能真正地显示出来。因此，要求所培养的学生在大学学习阶段就成为创新人才是不现实的。大学在培养创新人才中的作用的正确定位，应该是为广大学生将来成长为创新人才创造一个良好的氛围和环境，为他们今后的成长和发展打下一个良好、坚实的基础。如果不是这样恰如其分的定位，相反，提出一些不切实际的目标，采用一些拔苗助长的办法，虽然可能一时轰轰烈烈，但却违背了创新人才成长的规律，破坏了创新人才健康成长的生态环境，一定会走向自己主观愿望的反面，对学生的成长造成极为不利的影响。这是当前一种值得注意的倾向，应该设法加以避免。

明确并坚持大学对创新人才培养的这样一个定位，并不是减少大学的责任、降低对大学的要求，更决不是轻而易举可以实现的。为了做到这一点，就基础科学特别是数学的学生而言，不仅要求他们对所学的学科有浓厚的兴趣、旺盛的求知欲，不仅要求他们对所学专业及相关的学科打好坚实的基础，而且要激发他们的好奇心，推动他们参加一些创新的实践，培养他们的创新意识、创新精神和创新能力，还要培养他们有为献身科学而坚韧不拔的意志和毅力，更要造就他们正确的世界观和人生观，在个人、集体与国家这三者的关系上有一个明确的态度和认识。这样一些能力和素质是在大学阶段应该得到培养的，而且，当这些学生走出学校、步入社会后，面对种种机遇和挑战，也一定会持续地发挥作用。真正出类拔萃的创新人才才可能在此基础上源源不断地涌现出来。当这些学生将来总结自己的成长道路和成长经验时，如果能深情地回忆起自己在大学阶段所受的教育和培养，充分地肯定大学阶段为自己一生的发展打下了坚实的基础，对母校、对老师充满了感激之情，我们的大学就算是完成了自己对创新人才培养的神圣任务，真正做到不辱使命了。“俏也不争春，只把春来报。待到山花烂漫时，她在丛中笑。”这种崇高的精神境界，正是我们应当追求的。

培养创新人才的提法是否能替代教育方针中关于德智体全面发展的要求？或者说，我们的教育方针能否简单地归结为培养创新人才的要求呢？回答应该是否定的。德智体全面发展是体现我们教育方针的一个总的要求，不能以偏赅全地用创新人才培养代替，它只能是对这一总的要求做一个必要的强调和重要的补充，特别是在智育方面的一个必要的强调和重要的补充。道理很简单，我们培养的人才要真正对人类的进步作出有益的贡献，就必须是一个对国家、对人民、对人类有强烈责任感的人，就必须具有献身科学、报效祖国、造福人类的宏图大志，这是不能仅仅用是否具有创新能力来加以概括的。第一个发明细菌战的人，应该也算是一种“创新”，但这样的创新人才只会遭到人们的唾弃。鲁迅和周作人是同胞兄弟，他们在文学上的造诣可能也不相上下，但是谁又会欣赏这个认贼作父、卖国求荣的汉奸周作人呢?！在量子力学的创始人中，海森堡是突出的一位，但他却是一个忠实的纳粹分子，这样的人难道值得我们效法吗?！因此，在培养创新人才的过程中，决不能仅仅在专业的训练上层层加码，而忽视了或无形中削弱了对学生德智体全面发展的要求，这样会造成历史上的错误。

在这方面，我想特别强调一下，决不要对那些特殊选拔出来作为拔尖创新人才来培养的学生，有意无意地用种种光环套在他们头上，例如命名“天才班”、“拔尖班”、“少年班”。对高考状元不适当地宣传、鼓吹等，会使他们总感到自己与众不同，甚至误认为自己是“天才”。他们在趾高气扬的同时，也会背上沉重的心理压力和精神负担。这样做，不仅会造成他们和广大同学之间的隔阂，影响其德智体的全面成长，而且对其专业的学习也会带来好高骛远、浮夸急躁等负面的影响，给他们在心灵、性格及学习等方面带来极大的伤害，严重地削弱其心理素质及承受能力，这和实现培养目标的要求是完全背道而驰的。学习与成才是一个长期的过程，在班级中一时领先，不等于永远领先；在学校中表现突出，不等于在社会中也表现突出。在人才的成长与培养中，"有心栽花花不开，无意插柳柳成荫"的情况更是比比皆是。真正最终成才、建功立业的人，往往不是那些自视甚高甚至自命不凡、而又急功近利的人，而恰恰是那些志向高远、心态平和、不断进取的人。过早地背上"少年英才"的包袱，在举手投足之间都要摆出一副与众不同的姿态，小小年纪活着有多累！习惯于一帆风顺、要什么有什么的人，稍遇困难或挫折，往往会惊慌失措，惶惶不可终日，甚至失去信心、自暴自弃。这样心态的人，难道能够在科学的道路上走得很远吗?！要提高这一部分同学的心理素质，唯一的办法是不要人为地加重他们的心理负担，在培养过程中要从思想到行动上抹去一切可能造成他们与众不同的特殊化痕迹，对他们在思想及业务上更加严格要求，帮助他们融入整个学校的整体环境中，让他们在自由平和的心态下更快地成长。否则就是在另外一种形式下摧残青年，后果不堪设想。

这里要特别强调一下，虽然不应该用培养创新人才来替代德智体全面发展的要求，但加速培养创新人才这一提法却的确有其明确的针对性，是对德智体全面发展这一总体要求的一个必要的强调和重要的补充，不仅有其深远的意义，而且有其现实的价值。我们的老师，在传授知识方面往往胸有成竹，但在启迪思想方面却常常显得无所作为。我们的学生，有学习认真、考试拿手的传统，在接受知识、掌握知识方面应该说还是很强的，但思想往往处于受束缚的状态，迷信权威，迷信书本，循规蹈矩，少年老成；很少独立思考、大胆提问；更少标新立异、离经叛道；虽可能满腹经纶，但十分缺乏创新的意识、精神和能力。这是我们的教育落后于先进国家的一个很重要的表现，也是我国科技落后于先进国家的一个重要的原因。现在提出加强创新人才的培养，可以说是抓住了问题的关键，有的放矢，切中要害，其意义和作用不可低估。我们一定要以满腔的热情来对待它，来支持它，来推动它。

在上面所述的基础上，在基础学科特别是数学的创新人才培养中，我觉得应该重点注意以下几个方面的问题：

1. 要明确学校在培养创新人才中的正确定位，把工作的重点放在营造促使创新人才茁壮成长的环境和氛围上，着力提升整个学校的办学质量和水平，坚持内涵发展，使学校作为培养人才的大熔炉一直火光冲天、烈火熊熊，而决不能在培养创新人才的口号下，急功近利，拔苗助长，做出违背创新人才成长规律的错事和蠢事。

2. 为培养基础学科特别是数学方面的创新人才，一定要注意培养其旺盛的求知欲，通过认真而严格的训练，打好坚实而全面的基础。基础科学具有稳固性，而且这样的基础决不会无用或过时，是一直能够发挥作用的。这是一个必要的基本功，是一个人在其一生中所赖以得到成功和发展的基本保证。要创新，要做出创新性的成果，也必须在这个基础上向前发展，决无其他的捷径。没有积累就没有创新，没有继承就没有发展，在沙滩上是不能建立高楼大厦的。要培养创新人才，首先要使他们站在坚实的土地上，而不是鼓励他们毫无根据地胡思乱想。只有脚踏实地，才能平步青云。不打好坚实的基础而投机取巧，则所谓创新只能是空中楼阁、海市蜃楼。不打好坚实的基础，即使在短期内小有所成，也注定走不多远，难以实现真正意义上的辉煌。

3. 为培养基础学科包括数学方面的创新人才，一定要注意培养他们强烈的好奇心和钻研精神，着力培养他们的创新意识、创新精神和创新能力。书本固然要认真学习，权威固然要足够尊重，但学习的目的决不是为了做书本的奴隶，在权威面前顶礼膜拜；相反，要超越书本、超越权威，有所发现、有所发明、有所创造、有所前进，争取为人类作出尽可能大的贡献。靠死读书，靠死记硬背、加班加点，哪怕一时取得了好的考试成绩，也是和创新人才的培养完全背道而驰的。老舍有一部不太出名的小说，题目是《二马》。我在中学时代曾经看过，差不多什么都忘记了，但却记住了其中的一个细节：小说的主人公之一老马，在教会学校里念过书，虽然每次考试成绩都不超过35 分，但他英文单词记得真不少，英文文法也背得很熟。他不服气那些学得比他好的同学，有时拿着《英华字典》，把得一百分的同学拉到清静地方去，“来，咱们搞搞！你问咱五十个单字，咱问你五十个，倒得领教领教您这得一百分的怎么个高明法儿”，于是把那得一百分的英雄撅得干瞪眼，他也就得胜回朝了。这样的学习方法，这样的学生，即使把整个《英华字典》都背得出来，即使变成了一部百科全书，又哪里能找到一丝一毫创新的影子呢?!

好些在科学上有成就的学者在总结自己的成功经验时，都着重强调了好奇心在科学发现中的重要作用，有的甚至明确表示决不轻易放弃任何一个离经叛道的想法。正是由于好奇心的驱使，他们不断发问、反复思索，一步步地深入科学的殿堂，并作出了自己独特的贡献。如果不培养学生的好奇心，不使他们养成怀疑发问和寻根究底的习惯，不使他们由被动接受知识的消极状态转变到主动汲取知识、发现知识的积极态势，他们是不可能成长为一个合格的创新人才的。作为老师，不仅要鼓励学生学，更要鼓励学生问；绝不能以讲堂上的鸦雀无声而自得其乐甚至洋洋得意。学问这一个词，包含的是学和问这两个字，就是既要学，又要问。学生不仅要向老师发问，向书本发问，还要经常向自己发问，养成思考的习惯，使思维一直处于一个活跃的状态，才能逐步培养起自己的创新意识、精神和能力，变得更加聪明，更有智慧。过去我们经常说，要培养学生分析问题和解决问题的能力，这固然十分重要，但从培养创新人才的角度看，还应该特别强调要培养学生发现问题和提出问题的能力，并将这二者有机地结合起来，在教学实践中切实加以贯彻和保证。要发问，而且要问在点子上、问出水平来，就必须思考，而且是认真深入地思考。只有这样，才能发现知识的真谛，才能抓住事物的本质，也才能看到已有概念、理论和方法的不足或缺陷，找到可以开展创新活动的大大小小的突破口，开拓自己创新活动的天地，并明确自己前进的目标和方向。

上面这两段中所说的内容，古人其实早已阐述过。《论语 · 为政》篇中就有“学而不思则罔，思而不学则殆”这句话。这就是说：只学习不思考，只能囫囵吞枣；而只思考不学习，也必将一事无成。子夏说的“博学而笃志，切问而近思”，被我们复旦大学列为校训，也是同一层意思。在培养创新人才的时候，重温古人的这些教导，实在是得益匪浅。

4. 为培养基础科学包括数学方面的创新人才，还要特别注意鼓励他们文理相通，培养他们的人文情怀。念一些诗词，懂一点琴棋书画，看若干小说，对学理科的人来说，决不是为了附庸风雅。它不仅是生活中一个必要的调剂，而且应该成为优秀创新人才的一个不可或缺的基本素养。数学讲究严格的形式逻辑，重视对学生逻辑思维能力的训练和培养，这使数学的论证与表述天衣无缝、丝丝入扣，不仅使人信服，而且带来一种美感。但是，单靠三段论的逻辑思维，造就不了真正的创新。马克思说过：“每一种进步，都必然表现为对某一种神圣事物的亵渎。”数学上的原始创新，一些现在看来美不胜收的重要数学思想、概念、理论和方法，在一开始往往是混乱粗糙、难以理解甚至不可思议的，它们决不是单纯逻辑思维的产物，而是大胆提问和猜想，敢于突破前人成果及思维模式的结果，有些甚至可以说是神来之笔。否则，能有解析几何和微积分吗？能有非欧几何吗？能有集合论吗？能有当今热门的混沌和分形吗？广义函数论的建立，同样是一个突出的例子。我们习惯使用的函数概念，是由欧拉首创并得到公认的。它将自变量与因变量点对点地对应起来，记为 $y=f(x)$ 的形式，很易于理解和操作，整个微积分就是在它的基础上建立起来的。但后来广泛使用的像 δ-函数那样具有高度奇异性的“函数”，却无法纳入它的框架，这促成了广义函数论的诞生。创造这一理论的法国数学家 L. Schwartz 靠的不是形式逻辑的推理，而是别出心裁地通过作用在任一给定试验函数上的效果来整体地定义函数，由此建立了整套广义函数的理论。由于彻底颠覆了函数的习惯定义，在很长的一段时期中，他遭遇了来自各方面的责难和非议。Schwartz 一直为捍卫他的这一创新见解而战斗，最终使这一理论得到公认，并由此而获得了 1950 年的菲尔兹奖。像这样的创新，需要的主要不是逻辑思维，而是像形象思维那样的发散思维模式。屈原作为一位诗人，在《天问》中一口气对大自然提出了那么多深刻而富于启迪的问题，难道不应该成为我们的一个生动的榜样吗?！看来，要成为一个优秀的数学创新人才，不仅要有数学家的严谨与专注，而且要有诗人的激情与遐想。

在这方面，我觉得还要注意结合专业，使学生深入理解数学学科的人文内涵，了解数学在推进人类文明进程中所起的重要作用，自觉地接受数学文化的熏陶，跳出关门读书及闭门造车的狭隘视野，从认识世界和改造世界的高度来提高对学习和研究数学的重要性的认识。特别是，要促使学生关注、学习和了解一些数学史，从中看到数学这门学科发展的基本脉络和趋势，并从一些杰出数学创新人才的成长道路中找到可供借鉴的成功经验。这样的学生，才可能具有一个宽阔的视野、高尚的情怀，才真正有可能成大的气候、作大的贡献。

5. 为培养数学方面的创新人才，要在教育过程中创造一种环境，找到一些方法，使学生能身临其境地介入数学的发现或创造过程，鼓励并推动学生在学习期间解决一些理论或实际问题，参加创新的实践，取得切身的体验，切实地提升他们的创新意识、精神和能力。近些年来广泛开展的数学建模竞赛，试题来自实际的需要，没有现成的答案，没有固定的方法，没有指定的参考书，没有规定的数学工具，也没有已经成型的数学问题。在竞赛中主要靠学生独立思考、反复钻研并相互切磋，去形成相应的数学模型与问题，进而分析问题的特点，寻求解决的方法，得到有关的结论，并根据实际的需求判断结论的对错与优劣。实践证明，这可以让学生亲口尝一尝“梨子”的滋味，亲身体验一下数学的创新过程，是一种有益的尝试。不少参赛的学生用“一次参赛，终生受益”来概括了他们的感受。这自然不是唯一可行的办法，但应该可以给我们以启发和借鉴。

6. 为培养基础学科包括数学方面的创新人才，还要注意树立他们献身科学的志向和坚韧不拔的精神。科学的道路是漫长的，也是艰苦的。真正要成长为一个创新人才，除了其他因素之外，一定要持之以恒，经得起岁月的严峻考验。大浪淘沙。在起跑时暂时领先、甚至风头很足的人，如果害怕困难、避重就轻，如果不甘寂寞、见异思迁，如果贪图安逸、不思进取，如果患得患失、踌躇不前，就一定不能坚持到底，绝对到达不了成功的彼岸。真正的成功者、真正的拔尖创新人才，只能是那些心无旁骛、不畏艰苦、坚持不懈的开拓者。正因为如此，不少才子型的人容易在科学的道路上中途夭折，最终一事无成。而勤能补拙，笨鸟先飞，最后成大器的往往是起初并不突出、甚至不在大家视野中的人。这是我们在现实中多次看到的普遍现象，不能不将这一点纳入我们对创新人才培养的思考框架。对作为创新人才来培养的学生，不仅要他们在知识和能力方面表现突出，更要坚定他们的信念，鼓舞他们的意志，使他们为人类的文明和科学的进步，下决心献身科学、执著追求，在科学的道路上锲而不舍、义无反顾。

7. 丰子恺先生有一幅漫画，画的是一个人正像盖图章那样用一个固定的模子制作出一个个一式一样的人才产品出来。这幅漫画所讽刺的教育上不计个性、千人一面的现象，现在应该说还有其强烈的针对性。如果说在人才的培养上要重视个性，对创新人才的培养更应该如此。说得更明确一些，创新人才的概念包含了极丰富的内涵和各种层面上的众多表现形式，决不能用一个框框把它固定、限制起来，决不要追求一个统一培养模式，一套全体适用、放之四海皆准的具体培养方案和措施。我们只能根据培养创新人才的总体要求，尊重创新人才的成长规律，针对每个学生的具体情况和个性特点，因材施教、因势利导，努力减轻而不是加重他们的学习负担，杜绝那些好看而不中用甚至有害的种种举措，给学生以更多自由支配、独立思考的时间和空间，让他们在宽松自由而又积极进取的环境中，在润物细无声的氛围中，和谐、自在并更快地成长。如果能真正出现这样的局面，相信在若干年后我们一定会对著名的"钱学森之问"交上一份出色的答卷。

谢谢大家！

本文为作者于 2010 年 11 月 6 日在第六届大学数学课程报告论坛上的报告。

科学与艺术有共性也有交融

严加安

《辞海》给科学下的定义是："关于自然、社会和思想的知识体系。"什么是艺术？到目前为止似乎还没有一个公认的定义。《辞海》给艺术下的定义是："通过塑造形象具体地反映社会生活，表现作者思想感情的一种社会意识形态。"我对这一定义不太满意，就上网搜索，发现托尔斯泰在《艺术论》里把艺术定义为"能够把自己的感悟与别人分享的一种表达"。一个诗人、作家或者画家，他通过诗歌、文学作品或绘画，把自己的感悟表达出来，使得别人也能够分享他的感悟，这就是艺术。

艺术到底是怎么产生的？人的感觉器官是眼、耳、鼻、舌等，追求美好的感受是人的天性。从遗传学角度来说，它也是人类生存和繁衍后代的基因本能。人类最早是从大自然感受和领悟到一种自然界给予的"天然美"，然后对"天然美"进行模仿，逐步发展到自觉创造一种"人工美"，使人们不仅能欣赏大自然的"天然美"，而且能随时随地享受到自己创造出的"人工美"，于是就形成了"艺术"。

科学和艺术都源于人类的社会和精神活动，在人类历史上是共济和互动的，共同谱写了人类灿烂的文明。在人类早期，还没有科学，只有技术和艺术，那时的技术和艺术是不可分的。例如，中国古代的陶瓷工艺品就是技术和艺术的完美结合。后来随着社会生产力的发展和技术的进步，才逐步产生出科学，即知识体系，科学和艺术才逐步分化开来。

下面讲三个问题：一是科学和艺术的共性，二是数学和诗歌的共性，三是科学和艺术的相互交融。需要申明的是，我们这里说的科学专指自然科学，不涉及社会科学。

第一个问题：科学和艺术有哪些共性？

科学和艺术最主要的共性，是追求一种普遍性和永恒性，在创作中追求"真"和"美"。关于普遍性和永恒性是不言而喻的，科学求"真"和艺术求"美"也无须赘言。下面具体解释什么是"科学求美"和"艺术求真"。其实，"美"和"真"本来是不可分的，英国著名诗人济慈有句名言："美就是真，真就是美。"一个希腊箴言说："美是真理的光辉。"真理往往是隐藏在事物背后，是看不见的，但是它发出的光辉是美的，所以你通过美的光辉可以窥探到它背后隐藏的真理。真理的光辉主要就是和谐之美和简洁之美。因此，一些杰出的科学家，他们从理论的和谐和简洁的要求出发，有时凭一种审美直觉就能提出一个设想和猜测，常常后来被证明是真的。杨振宁在一次公众讲演中讲过的狄拉克提出“反粒子”理论的故事就是一个很好的例子。狄拉克 1928 年发表两篇短文，写下了有里程碑意义的狄拉克方程，文章发表后的几年内由于方程解产生负能现象引起争议。1931 年狄拉克从数学对称美角度大胆提出“反粒子”理论来解释负能现象。这个理论当时更不为同行所接受，直到 1932 年秋安德森发现了电子的反粒子以后，大家才认识到“反粒子”理论是物理学的另一个里程碑。至于“艺术求真”，这个“真”不是狭义的指“真理”，而是说艺术家在进行艺术创作时，心态要纯洁，性情要直率，情感要真挚。

第二个共性是科学和艺术的创作都需要智慧和情感。需要智慧很好理解，为什么还需要情感? 从艺术创作来说，艺术家要想把自己的感悟表达得好，首先要有艺术功底，但更需要激情，有了激情才能把自己的感悟加深和放大，尔后将它凸显出来，把内心的情感宣泄出来，这样的作品才能打动人，感染人，这是“源于生活，高于生活”的艺术创作原则。对科学研究来说，真正有成就的学者都是有激情的。例如，被誉为“近代实验科学的先驱者”的伽利略就是一个对科学充满激情的学者，他在父亲铺子里当店员的日子里仍旧不忘钻研数学和物理学。后来由于他在书中表达了哥白尼日心说的观点而受到罗马宗教裁判所长达二十多年的残酷迫害。又如，比伽利略更早宣传哥白尼日心说的布鲁诺，在受尽了罗马宗教裁判所长达 8 年的酷刑折磨后被处以火刑。他说过：“高加索的冰川，也不会冷却我心头的火焰，即使像塞尔维特那样被烧死也不反悔。”他还说：“为真理而斗争是人生最大的乐趣。”这些为科学献身的科学家岂止是有激情，他们对科学真理的追求进入了一种痴迷的境界。

李政道先生曾经指出：“科学和艺术的关系是同智慧和情感的二元性密切相连的。对艺术的美学鉴赏和对科学观念的理解都需要智慧，随后的感受升华与情感又是分不开的。”正是由于这一二元性特性，科学家和艺术家有时是可以合二为一的。例如，欧洲文艺复兴时期最杰出的代表达 · 芬奇就是一个光辉的例子。英国科学史家丹皮说达 · 芬奇“是画家、雕塑家、工程师、建筑师、物理学家、生物学家、哲学家，而且在每个学科里都登峰造极”。达 · 芬奇的名画《蒙娜丽莎》和《最后的晚餐》堪称世界绘画史上最杰出的不朽之作。再一个鲜为人知的例子是 11 世纪的波斯数学家和天文学家伽亚谟（Khayyam），他的名字不仅因为给出三次方程的几何解和修订波斯历法而载入数学和天文学史册，更因他的《鲁拜集》(即“四行诗集”，有中译本，郭沫若译）在诗坛上享有崇高的地位。“四行诗”第一、二、四行押韵，网上有人把《鲁拜集》中的一首诗译成“寂寂帝王坟，蔷薇溢馥芬。红花凝碧血，直似美人魂。”这就成了一首优美的绝句。

科学和艺术的第三个共同特性是它们有共同的美学准则。首先，“创新性”是科学和艺术共同的美学准则之一，只不过在艺术那里把“创新性”叫做“艺术风格”。艺术家由于生活经历、艺术修养、审美取向以及个性特征的不同，在作品的题材和表现手法方面和在作品的整体风貌及艺术境界方面形成了独特的艺术风格。比如李白跟杜甫，这两个是著名的诗人，李白比杜甫年长十来岁，但基本上属于同时代的人。

我们设想一下，因为有李白的诗在先，如果杜甫完全学李白的风格，杜甫肯定不会在诗歌史上有地位。之所以李白和杜甫两个人都称为伟大的诗人，就是由于他们两个人有各自的风格。李白的诗“豪迈奔放，飘逸若仙”，是浪漫主义风格；杜甫的诗则“深沉蕴蓄，抑扬曲折”，是现实主义风格。又如，肖邦的钢琴曲和李斯特的钢琴曲风格是完全不一样的，被誉为“钢琴诗人”的肖邦的钢琴曲“平易优美，饱含诗意”；被誉为“钢琴之王”的李斯特的钢琴曲则“气势恢弘，直率粗犷”。判断一个艺术品的成就高低，主要是看它有没有独特的艺术风格。判断一项科学成果的价值，主要也是看它有没有创新，如果没有创新的话，肯定没有太大价值。

对科学研究而言，不是说做了什么新东西都叫创新，创新必须是在一定科学范围内有比较重要的意义。怎么去创新？第一，要有长期的知识积累，这是个基础。第二，要有丰富的想象力。爱因斯坦认为“想象力比知识更重要”，他还说：“提出一个问题往往比解决问题更重要，因为解决问题也许仅仅是数学上或实验上的技能而已，而提出新的问题，新的可能性，从新的角度看旧的问题，都需要有创造性的想象力。”第三，要有敏锐的直觉。什么叫直觉呢？就是没有经过意识推理而对某事物产生的理解和判断。法国著名数学家庞加莱认为：“我们靠逻辑来证明，但要靠直觉来发明。”在数学发展史中就有许多凭想象和直觉来创建新理论的生动例子。例如，欧拉受解决哥尼斯堡七桥问题的启发，开创了现代数学中的拓扑学研究的先河。

科学和艺术的另一共同美学准则是“境界为先，技术为次”。无论科学研究还是艺术创作，境界是第一位的。对艺术品来说，不在乎你这个人的技法多高超，关键是看你作品的境界。王国维在《人间词话》中说：“词以境界为最上。有境界自成高格，自有名句。”一首诗词作品到底水平高不高，主要看境界，不是看里面有多少华丽的辞藻。科学境界则是一个学者选题的学术品位和问题的深度，而不在于论文里面用的技巧多高，技巧始终是第二位的。

最后，“和谐与简洁”是科学和艺术的另一共同美学准则。关于这一点我们将在下面阐述数学和诗歌的共性时再展开来谈。

第二个问题：数学和诗歌有哪些共性？

前面比较概括地讲了科学和艺术的共性，现在特别聚焦于科学的一个门类“数学”和艺术的一个门类“诗歌”，看看它们有哪些更细致的共同特性。英国大数学家哈代说过，数学家的活动与艺术家的活动很多是共同的、相像的。他说：“画家进行色彩与形态的组合，音乐家把音阶组合起来，诗人组词，数学家是把一定类型的概念组合起来。”因此，无论是艺术家还是数学家，他们做的工作都是组合，只是组合对象不一样。因此，数学家维纳干脆认为“数学是一门精美的艺术”。更具体一些来说，我认为“数学是一门创造和组合数学概念的艺术”。当然，许多数学概念是很抽象的，是数学家的大脑自由创造的产物，不是在自然界里直接能感受到的。

数学和诗歌到底有哪些具体的共性呢？首先，数学研究的理念很像诗歌的创作。宋代诗人陆游告诫儿子说：“汝果欲学诗，工夫在诗外。”这个诗外就是诗人对日常生活和大自然细致的观察、体验、感知，这是诗歌创作的源泉。作数学研究也与诗歌创作类似。数学家和数学史家克莱因认为：“对自然的深入研究是数学发现最丰富的源泉。”数学家庞加莱指出：“把外部世界置诸脑后的纯数学家就好比是懂得如何把色彩与形态和谐地结合起来但没有模特的画家，他的创造力很快就会枯竭。”丘成桐在一次公众讲演中说过，他的研究工作深受物理学和工程学的影响，这些科学提供了数学很重要的素材。他说：“没有物理上的看法，很难想象单靠几何的架构，就能够获得深入的结果。”当然，研究数学的人不一定要亲自到自然和社会去作一些体验，数学内部提出的问题也能引导数学的一些发明创造。但是一个人如果没有对所研究的学科领域有宏观的和整体的理解，没有对学科的研究背景有深刻的认识，单凭数学内部局部问题的推动也是不可能作出真正有创造性的成果的。

第二，数学和诗歌都追求和谐与简洁。诗歌是所有文学艺术作品里最追求和谐与简洁的，特别是古诗词曲都是讲究平仄和押韵的，因此吟诵起来朗朗上口，这就是诗歌的和谐。另外，古诗词非常简洁，字数都有明确的限定。诗歌是力图通过简洁的语言和韵律，抒发诗人的情怀，表达深邃的哲理。例如：苏轼的诗句“不识庐山真面目，只缘身在此山中”和刘禹锡的诗句“沉舟侧畔千帆过，病树前头万木春”虽然简洁，但表达了很深的哲理。数学的和谐是不言而喻的，例如数学各个分支中的公理化体系必须是和谐的。至于数学的简洁，主要表现在数学家追求在较少条件下推出尽可能广泛而深刻的结论，或者力图简化已有结果的证明。

第三，数学中的“对偶”与诗歌中的“对仗”异曲同工。诗歌中的“对仗”能够使意境更加优美，抒情更加感人，哲理更加深邃。数学中的“对偶”

使得数学理论变得更加深刻，更加优美。在数学的各个分支都有对偶理论。数学中的“对偶”不只是数学的结构和框架，而且是一种思维方式，也是重要的证明工具和技巧。如果一个数学家对诗歌中的“对仗”有深刻的感悟，会影响他更自觉地挖掘数学理论中的对偶关系，能够更好地理解和应用对偶理论。

最后一点，数学和诗歌的创作都需要直觉和想象。当然，任何科学和艺术的创作都需要直觉和想象，但是数学和诗歌在这方面显得更为突出。例如，李贺《梦天》中诗句“遥望齐州九点烟，一泓海水杯中泻”和李白《望庐山瀑布》中诗句“飞流直下三千尺，疑是银河落九天”就极富直觉和想象。这种直觉和想象是源于诗人的形象思维。F. 克莱因说：“数学也是一门需要创造性的学科。在预测能被证明的内容时，和构思证明的方法时一样，数学家们利用高度的直觉和想象。”也就是说数学家在进行数学创作时离开直觉和想象是不可能的。数学家维尔说：“一个数学家必须要具有诗人的气质。”一个数学家不一定要写诗，但是气质要像诗人，即要有丰富的直觉和想象，这样才能作好数学研究。

所谓想象力，就是头脑中创造一个念头或者画面的能力，也就是形象思维能力。创新理念不是来自逻辑思维，而是源于形象思维，形象思维能力大小取决于一个人的文化素质高低。一个文化素质高的人，他的思路比较开阔，能够高瞻远瞩，富于联想，触类旁通，从而形象思维能力就强。爱因斯坦喜欢拉小提琴，是小提琴的演奏高手。据他的回忆录或别人写的关于他的传记，爱因斯坦很多物理上的发现与他演奏小提琴有关，就是在演奏小提琴过程中他突然来了灵感，然后把这个灵感记录下来，再进行研究。所以他曾经坦言：“物理给我知识，艺术给我想象力，知识是有限的，而艺术所开拓的想象力是无限的。”他认为“想象力比知识更重要”，就是根据他切身的体会总结出来的。

既然想象力这么重要，我们就要想办法去开拓它。怎么开拓想象力？英国思想家培根说：“读史使人明智，读诗使人灵慧”，灵慧就是聪明，有灵气，这在很大程度上就是富有想象力。德国诗人歌德说：“只有通过艺术，尤其是通过诗，想象力才能得到激活。”前面说过想象力跟文化素质有关系，通过培根和歌德上面的论述，看来想象力跟一个人的艺术修养的关系更密切。

F. 克莱因认为：“进行数学创造的最主要驱动力是对美的追求”。庞加莱也说过：“美学，是对美观与优雅的感觉，在数学的成功中是一个重要的因素。”他在《数学创造》一文中更形象地描述了数学美感在数学创造过程中的作用，他说：“各种数学概念在潜意识里碰撞组合，数学直觉从中筛选有意义的组合，进而进行创造 …… 潜意识作出选择时，所用的标准便是数学的美感，数和形的和谐感，几何学的雅致感。”

最基本的数学美是和谐美、对称美和简洁美。怎么来培养数学的美感？我认为阅读数学大师们的经典论著是一个有效途径。数学大师们的作品，他们的文章，你领悟了，就能体会数学美。就像我们经常到博物馆、美术馆去欣赏书画大师的作品，就能提高对书画作品的鉴赏力是一个道理。

第三个问题：科学与艺术要相互交融。

前面说过，随着社会的发展和进步，科学与艺术才逐步分化的。当今，科学与艺术的交融越来越受到人们的关注，并已成为当今世界科学文化发展的特征之一。法国著名文学家福楼拜早在 19 世纪中叶就预言过，他说："越往前走，艺术越要科学化，同时科学越要艺术化。两者在山麓分手，回头又在山顶会合。"现在可以说到了向山顶会合的时候了，而且正在走向会合。其实在古代就有科学和艺术交融的例子。例如，爱国诗人屈原的《天问》就是科学和艺术的一种交融。他在这首长诗中接连提出了 170 多个问题，涉及宇宙、自然、社会和人生等未知领域。又如唐代的《步天歌》（作者存疑）也是一种交融，它是一部以诗歌形式介绍中国古代全天星官的著作。只不过当今科学与艺术的交融已经成了一个发展趋势，而且"交融"一词的含义更加宽泛了。大家知道，李政道先生一直提倡科学和艺术的交融，他曾经邀请很多艺术家、画家，去用画笔把物理学中的一些基本理论甚至微观粒子的运动规律表现出来。后来他主编出版了一个大型的画册《科学与艺术》，其中有吴作人、李可染、黄胄、吴冠中等当代中国著名画家的作品。

科学与艺术的相互交融，首先指的是艺术的科学化和科学的艺术化。艺术的科学化，现在已经开始实现了。在电脑技术高度发达的今天，许多科学化了的艺术作品显示出巨大的魅力。电影《阿凡达》和《盗梦空间》在商业上的巨大成功是利用电脑技术进行艺术创作的典型例子。又如，电脑音乐制作软件培训现在几乎已经发展成了一种职业。另一个例子是去年上海世博会在匈牙利馆展出的"冈布茨"（即"球体"），它高 1.5 米、最大宽度 3 米、重约 2 吨，堪称匈牙利馆的镇馆之宝。它是由匈牙利的两位数学家设计出的只有一个稳定平衡点和一个非稳定平衡点的匀质凸体，这两位数学家于 2006 年首先从数学上证明了俄罗斯著名数学家阿诺尔德 1995 年关于这种凸体存在性的猜测。

此外，"分形艺术"是用数学理论来进行艺术创作的又一个典型例子。数学里有分形几何分支，在分形中，每一组成部分都在特征上和整体相似，仅仅是尺寸、位置不同而已。现在可以利用电脑软件，将分形几何中的数学公式产生出图像，然后用电脑技术进行着色处理，就变成一幅精美的艺术图案了，这种艺术图案就叫"分形艺术"。这种艺术品是一般艺术家单凭自己想象很难构思出来的。在网上可以搜到很多精美的"分形艺术"图案，都是通过数学公式来产生的。因此，艺术的科学化大家觉得比较容易接受了。

科学也要艺术化。所谓科学要艺术化，我的理解，第一是指科普作品要写得艺术化，要通过艺术的手法，把一些科学和技术知识向广大民众普及。如果说一个普及作品光是干巴巴地把科学理念和技术知识介绍出来，一般老百姓接受不了，很难引起老百姓的兴趣。科学的艺术化就是把一些科普的作品写得通俗风趣，最好还要幽默，这样才能够吸引更多人去看，去学习。《昆虫记》是 19 世纪法国著名科学家法布尔的作品，它真实地记录和描绘了昆虫的生活。这部作品堪称是科普著作的典范，它文笔流畅，情节生动，简直就像一部优美的散文诗。

20 世纪 50 年代有一部蕾切尔 · 卡逊的著作，叫做《寂静的春天》。这本著作最早描绘了农药如何造成对人类环境的危害，当时尽管还没有成为现实，但是作者通过科学的分析，预言到农药对人类环境的危害，写了一些大家看了很震撼的例子。这本书后来成为推动全球环保事业的一个重要著作。再一个例子是前一段时间在北京电视台播放的科教片，叫《霍金的宇宙大探索》。霍金是当代最伟大的理论物理学家之一，是研究宇宙起源和天体演化的。霍金写了很多科普著作，如《时间简史》。这部片子一共经历了三年时间才拍摄完成。在拍完片子后记者采访霍金时问道："科学如何才能变得更受大众欢迎?"霍金回答说："必须引发人们的好奇心和惊异感，就如同我们还是个孩子一样。"这就是说，一部作品要引起大众的兴趣和好奇才能够受大众欢迎。科普作品要能够影响大众，要让大家感兴趣，感到好奇，就必须要进行艺术加工。科普作品不艺术化，就不可能真正做到科学向大众进行普及。

另外，科幻小说和科幻影视作品在某种意义上也是科学的艺术化。大家都知道，19 世纪中叶，法国小说家儒勒 · 凡尔纳写了几部著名的科幻小说，如《海底两万里》和《八十天环游地球》。在这些小说中他作了许多大胆的设想和预测，有些后来成为了现实。例如，潜艇发明家莱克就坦承他的发明是受到了小说《海底两万里》中关于"潜艇"描写的启发。凡尔纳有句名言：只要有人想得出，就有他人做得出。因此，一部好的科幻作品不仅要对现有科学或技术的神奇富有想象，还要大胆设想和预测科学技术未来可能的走向。这样的科幻作品对激发青少年的想象力是很有价值的。

科学的艺术化道路还很漫长，需要广大科技工作者和艺术家共同合作去探索。但愿我的这篇文章起到抛砖引玉的作用。

本文原载于《科学时报》，2011 年 4 月 1 日 B1 版。

丘成桐与几何分析

郑绍远

欣闻丘成桐获得 2010 年沃尔夫数学奖，兴奋莫名，因为这是第二位华裔数学家获此殊荣，我的老师陈省身先生在 1983 年以他在整体微分几何的巨大贡献而获沃尔夫奖。丘成桐则以他在几何分析领域的巨大贡献而获奖。几何分析是丘成桐创建的数学领域，丘成桐成功地把偏微分方程的方法，尤其是非线性分析的方法，引进几何问题中，丰富了偏微分方程的课题，而又有效地破解了大量的几何和理论物理的难题。20 世纪 70 年代是几何分析的奠基和茁壮期，一些重要的方法和观点都在这个时期发展出来，我十分幸运能亲历这个时期的重要活动，现在回想起来仍能感受到当时学术的激情和创意的澎湃。

丘成桐在 1969 年秋获奖学金到加州大学伯克利分校攻读数学博士课程，他在一个学期后便解决了沃尔夫猜想（Wolf Conjecture，与沃尔夫奖无关），基本上完成了博士课程的主要部分，沃尔夫猜想是关于曲率和基本群的一个猜想，主要技巧是群论。因为丘成桐卓越的成就，伯克利就一口气给奖学金录取了我和中文大学的一位同学。到伯克利后，我和丘成桐合租一间在欧几里得街（很巧合!）上的单身公寓，丘成桐很喜欢谈数学和与朋友分享他的观点和想法，每日浸淫其中，我自然获益匪浅。事实上在这时期丘成桐已开始钻研偏微分方程，当时伯克利在这方面的大师是摩理教授（Charles Morrey）。他的巨著《变分法中的多重积分》刚出版，但这本书较艰深难读，丘成桐在 1970 年春季修读了摩理教授的讨论班学习这本巨著。但 1970 年春季是一个动荡的时期，五月在肯特州立大学（Kent State University）反战活动中，四名学生中枪死亡，因此全美发生大规模的反战活动，伯克利校园成为学生和警察的战场，多次实施宵禁和戒严，摩理教授的讨论班上只剩丘成桐一人，在硝烟弥漫和直升机盘旋声音充耳的环境中，丘成桐独得摩理教授的心传。在这段时期，丘成桐仍在钻研非线性偏微分方程的理论，但他已提出一个重要问题，就是把经典的刘维尔定理（Liouville Theorem）推广到完备非紧致里奇曲率（Ricci curvature）非负的黎曼流形上。这是一个很好的问题，因为问题漂亮而又不能用既有方法解答，1972 年丘成桐发展了在黎曼流形上做梯度估计（gradient estimate）的方法解决了他自己提出的问题。在黎曼流形上的梯度估计是几何分析发展的重要里程碑，可以说丘成桐这个工作宣告了几何分析的诞生。

1973 年暑假丘成桐自美国东部到加州斯坦福大学任助理教授，往后在加州的数年是几何分析的重要发展时期，丘成桐和几何分析的几个重要人物开始了长期的合作关系，共同把几何分析研究推到高峰。在斯坦福大学，丘成桐认识了年轻的澳大利亚籍数学家李安 · 西蒙（Leon Simon）。西蒙教授是一位谦谦君子，他并非名校毕业，但他出色的博士论文令斯坦福大学的吉尔拔（David Gilbarg）教授大为赏识，把他聘到斯坦福大学数学系任助理教授。另一位关键人物是孙理察教授（Richard Schoen, 孙理察是丘成桐给他取的中文名字）。孙理察当时仍是研究生，他来自中西部农庄，有着中西部人沉实苦干的精神，他身高六英尺，身手灵活，各种球类都精通。他是少数可以灌篮的数学家。他的垒球亦十分出色，1979 年丘成桐、孙理察、李伟光和我四人到夏威夷旅行，看见挂在椰树上的椰子艳羡不已，孙理察拿起石头向着四十英尺高的椰子树一掷，就把树顶的椰子打下来，可惜后来椰子不能带进美国大陆而被海关充公了。丘成桐、西蒙和孙理察当时都是二十多岁左右，风华正茂，所谓初生之犊，不畏猛虎，半年后他们三人就在极小子流形方面有所突破，做出了出色的工作。孙理察告诉我，丘成桐这时去旁听很多研究生的课程，斯坦福大学有很优秀的分析传统，丘成桐兼容并包，无所不学，功力大为增长，很快便到了融会贯通，自成一派的境界。

丘成桐自 1971 年起便知道卡拉比猜想（Calabi Conjecture）的重要性，立定决心要破解这个问题。要解决卡拉比猜想就要解决在黎曼流形上一个二阶全非线性椭圆型方程，这个问题就算在欧氏空间已经是一个十分困难的问题。在 1975 年丘成桐和我在这方面有一些很好的进展，但距离解决卡拉比猜想仍远，因为我们欠缺一个关键性的零阶先验估计（0-order a priori estimate）。丘成桐在 1976 年夏天结婚，小登科后数月便解决了卡拉比猜想而名震天下，1977 年陈省身先生立刻邀丘成桐到伯克利访问一年。这时伯克利人才济济，孙理察在 1975 年自斯坦福毕业后便于伯克利任助理教授，伯克利亦向麻省理工学院挖墙脚，把几何及拓扑学大师辛格（I. M. Singer）聘到伯克利，他的办公室就在丘的旁边。十分幸运我刚巧得到史隆基金会（Alfred P. Sloan Foundation）的史隆研究奖，可以专心做研究一年，不用教学。知道丘成桐会到伯克利之后，我亦携一家老少回到母校伯克利一年，继续做几何分析的研究工作。这时李伟光（Peter Li）是陈省身教授门下的研究生，李伟光来自香港，很讲究生活品味，他每天开着名贵 Alfa Romeo 跑车上学，在伯克利数学系中传为佳话。李伟光在这时开始与丘成桐在几何分析方面做研究，他和丘成桐在 20 世纪 80 年代初做了大量出色的工作，其中关于黎曼流形上的热核估计更在 2003 年佩雷尔曼（Perelman）的庞加莱猜想工作中起关键的作用。

在伯克利期间，辛格教授对理论物理，尤其是规范场论感兴趣，很多著名的数学家和物理学家都到伯克利作访问，丘成桐和孙理察亦开始研究广义相对论的正质量猜想（positive mass conjecture）。丘成桐和孙理察首先发展了三维流形内的极小曲面理论，再以此为基础在 1978 年解决了正质量猜想，这个工作令霍金（Stephen Hawking）赞叹不已。丘成桐访问了霍金教授，霍金向丘成桐提出正能量猜想（positive energy conjecture），丘成桐和孙理察亦在数月后亦把它解决了。

丘成桐这一系列的工作自然引起数学界的重视，普林斯顿高等研究院（Princeton Institute for Advanced Study）立刻邀请丘成桐在 1979 年度主办微分几何年，广聘这方面的数学家会聚一堂，推动整个领域更上一层楼，这可以说是几何分析的第一个群英会。丘成桐邀请了孙理察、李安·西蒙、李伟光到普林斯顿访问一年，而我亦得到普林斯顿大学数学系的支持，给我一年不用教书，全心全意参加高等研究院的学术活动。这一年大家都住在高等研究院的宿舍，有更多机会切磋讨论。丘成桐又主办了很多学术活动，天下英雄好汉都来作学术访问，互相切磋，丰富了几何分析的内容，扩大了几何分析的影响力，使之成为数学领域的一个重要学科。丘成桐更把整年的学术活动编辑成书，并加上他所订立的 120 个几何分析的重要猜想，为几何分析日后的发展定了明确的方向。自 1980 年到今 30 年间，几何分析蓬勃发展，很多数学难题都以几何分析的方法一一破解，要描述这 30 年的发展要更多的篇幅，并非这篇短文所能概括了。

异军突起：抗战前的清华大学数学系（II）

郭金海

郭金海，先后于 1997 年、2000 年在天津师范大学数学系获理学学士、硕士学位。2003 年在中国科学院自然科学史研究所获理学博士学位。现为自然科学史研究所青年研究员，主要从事中国近现代科学史的研究。在《自然科学史研究》、《中国科技史杂志》、《汉学研究》等学术期刊发表论文 20 余篇，整理《四元玉鉴》汉英对照本（2006 年出版）、与袁向东合作访问整理《徐利治访谈录》（2009 年出版）。

教学活动与学生管理和培养：学与思并重，严进严出

抗战前清华数学系的教学活动集中在具有欧式建筑风格、端庄古朴的科学馆进行。由于系中教授多于专任讲师和教员，讲课大都由教授担任。教师上课一般要点名。按照学校的规定，学生一学期内无故缺课满 16 小时，由注册部给予警告；满 20 小时者，由注册部报告教务长，酌予训诫；训诫后仍无故缺课满 5 小时者，即令休学一年。同时，“一学期中因任何事故于某学程缺课逾三分之一者，不得参与该学程之学期考试。该学程成绩以劣等计”。（[69]）在教师这样的督促与学校如此严格之规章下，学生不敢轻易“跷课”。此外，清华经费充裕，教师很少在外兼课，上课迟到与缺席的甚少。这样教学秩序井然。

在教学中，熊庆来强调学与思并重，注重培养学生的独立思考和研究能力。正如他所说：“对学生的培养我们强调‘学与思并重’，注意学生独立钻研，学而不思是不行的，学与思要结合。”（[23]：141）从这一要求出发，清华数学系特别注重 3 个原则（[70：406]）：

在基本方面，力求教材之充实连贯，使学生得一切实完整之

> 知识，不务多立名目，致蹈纷歧浮夸之弊；且于演题训练，特别注意，使学生获得实际工具；至于高深学程，则于相当范围内，介绍新近学理，以引起学者兴趣。

↑ 清华大学科学馆（1919 年落成）

这 3 个原则中，注重“演题训练”是中间环节，即连接学生“学”与“思”之间的桥梁。因此数学系大部分教师往往给学生留有数量较多的习题，鼓励学生们多做习题，训练基本技能。为了达到切实的效果，让学生们真正学懂数学，所留习题基本都是“大题目，有启发性的题目。”（[23]：141–142）段学复上复变函数课时就“算了不少用留数公式求积分的题，不少难度较大。”（[68]）通过演题训练，数学系还希望开阔学生视野。熊庆来认为：“数学研究工作，最可贵者在牵涉之广。”当时系中学生常以“牵涉大了”作为戏语，传为美谈。（[42]：78）但他要求不能把范围扩得太广，“必须使学生逐步接受经典。”（[23]：141–142）

在教学方法上，熊庆来讲求因材施教，总是在充分了解学生的情况后，再根据各人特点予以适当指导。他常说：“教学最重要的是带学生上路，一个人能有自己的判断，认清方向，孜孜不倦，终必能发挥他的创造能力的”。（[42]：78–79）为了把课讲深、讲透，他常常把课安排在上午最后一段，将教学时间延长 1 小时是常事。对此，段学复回忆说（[68]）：

> 熊先生讲课给我留下的最深印象是从容不迫，井井有序，对问题讲得很细很透，法国过去的教学传统在他身上得到了非常好的体现。我记得他上复变函数论课时，为讲清问题，常要拖堂。

> 那时复变函数论课是每周三次各一个小时，实际每次都从上午 11 点讲到下午 1 点。

郑之蕃对教学非常投入，深得学生敬爱。一位学生在《教授印象记》中写道："在课堂上，郑先生全用英文讲授，条理非常明晰，把一本《解析几何》讲解得头头是道，有时书本外还加讲些简便的方法，讲到兴致勃勃时，课也不愿下，总是一边讲，一边回过头来说：'Wait a moment!'"（[71]：42–44）这位学生所描述的是郑之蕃在清华学校还是在清华数学系授课情况，不得而知。但这反映了他的教学风格和特点。

杨武之讲课严谨，备课充分，讲究教学法。（[72]：103）每堂课总先简要复习上次课内容，再讲这次课的内容。他讲课十分透彻，对难点总是反复阐述。在讲课中，还常点名让学生回答问题。问题一般都很基本，但也需要学生迅速整理好思路回答。这样，学生几乎都听得很专注，不敢有一点儿走神。对学生的解题方法，他会及时给予指点、评价。有一次他在初等数论课上提出一个完全数问题。下课后，段学复大胆地将自认为正确的答案告诉了他。他很高兴地肯定了这个答案，并给了他 100 分的奖励。（[60]：108）

赵访熊在教学上也有独到之处。1933 年 7 月他到清华大学执教时，熊庆来正在法国深造，代理系主任杨武之让他开高等分析、高等几何、微分几何 3 门课。由于年轻、没有教课经验，又风闻好几个学生要听他的课，考验其水平，他十分紧张。不过，由于准备充分，讲课思路清晰，顺利回答了学生的提问，且态度谦虚，一下子就过了"学生关"。后来郑之蕃告诉赵访熊，学生们都喜欢听他的课。（[73]：29–31）而且当年听课的学生田方增、段学复都高度评价了他的教学。段学复这样说道（[68]）：

> 赵先生 1933 年秋由美国回来时多年轻啊，才 25 岁，就担任了高等分析、高等几何两门全年课程。第二年又开设了微分几何、非欧几何两门学期课，真是才华横溢、英俊潇洒。他讲课用英语，简明扼要，既有高度的理论，又风趣引人。他布置的习题量不很多，但都很有意思。

华罗庚被破格提升为教员后，讲课很受学生欢迎。徐贤修说："华先生治学，提纲挈领，讲求实效，教学深入浅出，大受学生欢迎，研究则直指尖端，不畏艰难。"（[5]：54）

清华数学系教师在课堂上一般都讲课严正，但课余则多谈笑风生，视学生如家人子女，授人以处世为人之道，深受学生爱戴。当时系里学生很少，教师又都住在校园里，师生接触和沟通的机会较多，关系非常融洽。学生到教师家里求教、拜访，一起吃饭、下棋是常事。如陈省身说，"那时的系小，似一家庭。教授常请我吃饭，周、唐（周鸿经、唐培经）二位常在一起玩。同武之先生下过几盘围棋……四年内同杨先生（杨武之）有多次谈话，天南地北，得益甚大。”（[74]：99）庄圻泰说：“当时由于我的主要兴趣是在分析方面，因此除听课外，与杨先生的接触不多；虽然如此，有时我也和同学到郑先生、熊先生和杨先生家里访问交谈。”（[75]：115）

在学生管理和培养方面，抗战前清华大学及其数学系秉持严进严出的标准。这一方面在于学校严把入学关，对学生严格要求，另一方面在于数学系特别注重提高学生质量，对学生进行严格的筛选。

第一，清华大学入学标准很严，一直保持低录取率。1925 年改组大学前，清华学校所招中等科学生由各省考送。虽然这种办法可使各省“利益均分”，但难保生源质量。（[76]：417–418）改组大学后，清华学校提高了学生的入学标准，大学专门科的学生须“修毕本校普通科或在他校有两年以上之大学训练”并通过入学考试，方能被录取。（[77]：296）这使生源质量有所提高。1928 年改称国立大学后，清华大学规定“本科学生入学资格，须在高级中学或同等学校毕业，经入学考试及格者。”（[25]：141）由于报考学生人数较多，而录取名额有限，考取者多为各地学生中的佼佼者。从 1929 年起，清华大学逐年增加招生名额，但应试人数随之激增，因而录取率越来越低。这使生源质量得到进一步保障。表 5 为 1928—1935 年度该校本科应考及录取人数比较表（含转学生）（资料源自［78］）。

表 5 1928—1935 年度清华大学本科应考及录取人数比较表

年度	报名人数	应试人数	录取人数	备取人数	录取人数占应试人数的百分比
1928	611	515	170	0	33
1929	1034	829	215	19	25.9
1930	1439	1381	249	0	18
1931	1759	1699	219	0	12.9
1932	2784	2641	379	0	14.4
1933	2605	2551	315	0	12.3
1934	3604	3537	402	60	11.4
1935	3661	3607	415	0	11.5

由表 5 可知，清华大学各年度考生的实际应试人数较报名人数略少。1929 年度的应试人数是 1928 年度的 1.61 倍，录取人数是 1928 年度的 1.26 倍，录取人数占应试人数的百分比从 33% 下降到 25.9%，降低了 7.1%。而 1930 年度的应试人数是 1928 年度的 2.68 倍，录取人数只是 1928 年度的 1.46 倍，录取人数占应试人数的百分比从 33% 下降到 18%，降低了 15%。1931 年度以后，这种应试人数成倍增加，而录取人数不相应成倍增加的情况更为明显。如 1932 年度的应试人数是 1928 年度的 5.13 倍，录取人数仅为 1928 年度的 2.23 倍，录取人数占应试人数的百分比从 33% 下降到 14.4%，

降低了 18.6%。再如 1935 年度的应试人数是 1928 年度的 7 倍，录取人数仅为 1928 年度的 2.4 倍，录取人数占应试人数的百分比从 33% 下降到 11.5%，降低了 21.5%。这样高的入学门槛自然确保了包括数学系在内的全校各系的生源质量。

第二，清华大学实行美国式的学年学分制和选课制，要求严格，重视质量。学年学分制规定学生毕业期限至少 4 年，所习课程按学分计算。起初规定学生（工程系除外）在修业期间，必须修满 136 学分（体育除外），通过毕业考试，才准毕业。1929 年度起，取消了毕业考试，改为 4 年级时撰写毕业论文 1 篇。1932 年度起，按教育部 1931 年《学分制划一办法》，将 4 年总学分由 136 改为 132。（[2]：119）同时规定：（1）从 2 年级开始，按学分编定年级。已得 33 学分者，编入 2 年级；已得 66 学分者，编入 3 年级；已得 99 学分者，编入 4 年级。党义、体育及军事训练的学分，不计在内。（2）转学生入 3 年级者至少在清华大学修业 3 年，修满 99 学分。入 2 年级者至少在清华大学修业 2 年，修满 66 学分。（3）若 1 年级学生在其他大学修过与清华大学相同的课程，且成绩及格，经清华大学系主任承认，可免修该课，但不给学分。（4）学生全年成绩于所修学分有二分之一不及格者，即令退学。（5）学生全年成绩于所修学分有三分之一不及格者，留校察看。如次年成绩仍有三分之一不及格者即令退学。（[69]）

选课制主要规定：（1）学生选修及增改课程都须得系主任允许。除党义、体育及军事训练的学分外，每学期所选学分以 17 学分为标准，不得少于 14 学分，也不得超过 20 学分。（2）凡选修全学年课程已修毕一学期成绩及格而自愿退选者，得于第二学期增改课程期内提出请求。但该课上学期成绩不得学分。若逾期取消，则不仅上学期成绩不得学分，且下学期成绩以已经选修不及格论。（3）凡选修全学年课程已修毕一学期而成绩未及格或因故请假未参加第一学期大考者，若在第二学期改课期内请求取消该课，其成绩以上学期不及格论。逾期取消者，以全学年不及格论。（4）学生在开学时请假满两周，其所选课程不得超过 17 学分；若满 3 周，不得超过 14 学分；若满 4 周，即令休学 1 年。（[69]）

另外，清华大学的考试比较频繁、严格。每逢学期大考，为期一周，六、七门功课全考。有时一天考试多达两三门。每堂考试一般两个小时，迟交试卷会扣分。大部分学生在考试期间十分紧张。有的学生描写考试生活时，说他们“叫苦连天地忙着，昏昏沉沉地迷着，提心吊胆地怕着，咬牙切齿地忍着。”（[2]：126–127）1933 年教授会还通过议案，严令禁止学生考试作弊（如夹带、枪替、抄袭、传语等），一经查出即记大过两次（[79]：170）。

第三，学生入系有特殊限制，入系后还要予以筛选。1933 年秋季大一新生不再分系前，清华大学规定数学、物理、化学 3 科的入学考试成绩达到及格（60 分以上）者，才准进入数学、物理、化学 3 系。不及格者须通过甄别考试，若不及格，须重新修读相关高中课程。1933 年秋季以后，清华大学规定大一新生需经过数学、物理、化学等科甄别考试，及格后才准进修微积分、普通物理和普通化学课程。不仅如此，至迟从 1935 年开始，数学系对将升入二年级学生，规定“凡在本校第一年所修之算学（微积分）成绩在 70 分以下之学生，不得以本系为主系”（[80]）。学生进入数学系后，若二年级基础数学课程“三高”中有 1 或 2 门不及格，经系中教师商讨，若认为该生不宜在系继续学习，允许将其成绩加成及格后转入他系。（[2]：185）以数学系为主系的学生，至少修满该系课程 48 学分，方得毕业。（[64]：408）

经过这样筛选，就造成了数学系学生的大面积淘汰。据统计，1928 年至 1934 年数学系共招学生 39 人（包括插班生；因自 1933 年秋季起大一不分系，1933 年、1934 年两年学生均以转年二年级学生人数为准），毕业总数为 23 人（1932 年至 1938 年），淘汰率为 41%。若不包括转学生，1928 年至 1934 年数学系共招学生 22 人，只有至多 10 人如期毕业，淘汰率至少为 54.5%。[1]除数学系外，清华理学院其他学系学生的淘汰率也很高。表 6 统计了抗战前该院学生的淘汰率（[2]：128）。[2]

表 6 抗战前清华大学理学院学生淘汰率

一年级新生		毕业生		淘汰率
年度	人数	年度	人数	
1929	30	1933	19	36.7%
1930	43	1934	13	69.8%
1931	53	1935	24	54.8%
1932	95	1936	38	60%
1933	100	1937	58	42%

理学院 5 个年度学生淘汰率的平均值为 52.7%。也就是说，该院其他学系也大都像数学系一样以较高的比率淘汰学生。这使该院毕业生人数很少。如抗战前数学系共有 6 届毕业生，其中 3 届各仅 2 人，1 届 3 人，另 2 届也不过 5、6 人。这样只有 20 人毕业[3]。但这些毕业生在国内相同专业大学毕业生中基本都处于较高水平。兹将抗战前清华数学系毕业生情况列于表 7（主要资料源自 [81]：261–263、[82]）。

[1]清华数学系招生和毕业生数据，综合文献 [2]：185 与 [4]：176–177 而成。

[2]表 6 中 1933 年度以外的各年淘汰率，均以一年级在校学生至其毕业时的人头计算。因缺乏学生姓名资料，1933 年度的淘汰率按录取新生人数与 1937 年毕业生人数计算。

[3]抗战前清华数学系本科肄业生，可考者有冯仲云、杨宗磐。杨宗磐日后较有数学成就。其 1936 年由清华化学系转入数学系，1937 年肄业。后赴日本大阪帝国大学深造，于 1941 年获理学学士学位，留校任助教。回国后长期执教于南开大学数学系，曾任函数论教研室主任。

表 7 抗战前清华数学系毕业生简况

毕业时间	姓名	工作单位与最高职务	最高学历与学术荣誉	备注
1932 年	施祥林	中央大学（1949 年更名为南京大学）数学系教授	1941 年美国哈佛大学博士	转系生（由清华大学物理系转入）
	曾鼎铄	南开大学数学系教授兼主任	1938 年法国巴黎大学博士	
	庄圻泰	云南大学数学系教授、北京大学数学系教授	1938 年法国巴黎大学博士	转系生（由清华大学土木工程学系转入）
	陈鸿远	清华数学系助教、河南大学数学系教师	学士	转学生
	陈达明	广州培正中学教师	学士	
1933 年	柯召	南开大学数学系助教，四川大学数学系教授兼主任、校长	1937 年英国曼彻斯特大学博士。1955 年入选中国科学院物理学数学化学部委员	转学生（由厦门大学数学系转入）
	许宝騄	美国加州大学伯克利分校、哥伦比亚大学等任教，北京大学数学系教授	1938 年英国伦敦大学哲学博士、1940 年科学博士。国民政府 1941 年度国家学术奖励金二等奖。1948 年入选中央研究院首届院士。1955 年入选中国科学院物理学数学化学部委员	转学生（由燕京大学化学系转入）
1934 年	聂瑛	不详	学士	转学生
	刘冠勋	洛阳省立师范学校数学教师、河南嵩阳中学教师	学士	转学生
1935 年	巢捷	天津南开中学数学教师	学士	
	武崇豫	在南京通济门外军政部学兵队任军职多年；退役后任台湾大学数学系教师	学士	
	徐贤修	清华数学系教员、麻省理工学院及普渡大学教授；台湾清华大学校长、“国科会”主任委员	1947 年美国布朗大学博士。1978 年入选“中央研究院”院士	
1936 年	段学复	清华数学系教授兼主任、北京大学数学力学系（后改为数学系）教授兼主任	1943 年美国普林斯顿大学博士。1955 年入选中国科学院物理学数学化学部委员	
	王琇	上海培明中学、中国女子中学教师；台湾左营私立国光小学、中学校长	学士	
	张泽仁	曾任职于编译馆、“内政部”、人口局、台湾工矿公司人事室，台湾电力公司人事处长	学士	
	徐步墀	汉口江汉中学数学教师	学士	

续表

毕业时间	姓名	工作单位与最高职务	最高学历与学术荣誉	备注
1936 年	李霸龙	中华学校数理化教师	学士	
	李希颜	河北通县女子师范学校教师	学士	
1937 年	程京	南开大学物理系教授	1947 年英国牛津大学博士（物理）	
	郑曾同	岭南大学数学系、中山大学数学力学系（后改为数学系）教授兼概率统计教研室主任	1949 年美国康奈尔大学博士	转系生（清华大学物理系转入）

第四，数学系注意延揽优秀转学生、转系生。1934 年杨武之主持系务时就说："暑中招考二年级、三年级插班生，如成绩较好时，盼能多收若干人。"（[34]：33）招考转学生制度是清华大学录取新生的另一种制度，规定：转学生必须在其他大学本科修业一年以上，皆须通过清华大学的转学考试；转学生被录取后，其在原大学已修之学科，无论选考与否，皆须重行考核方给学分；若转学生插入 2 年级或 3 年级，应视其已得学分多少而定；转学生至少在清华大学修业 2 年，方准毕业。（[83]）该制度较为严格，基本可以保证学生质量。当时柯召、许宝騄就是分别从厦门大学、燕京大学转学到清华数学系的转学生。与该制度并行的是转系生制度，适用于校内学生，相较前者手续简单。按照清华大学的规定，学生在学年开始时，陈明理由，经相关学系主任及教务长核准即可转系。（[84]：166）通过转系生制度，数学系也罗致了一批数学基础较好的学生。如庄圻泰、田方增、施祥林和郑曾同分别是从土木工程学系、机械工程学系、物理系转入的。抗战前清华数学系延揽转学、转系生至少 17 人。后来在数学研究领域有作为者多出其中。

积极购置图书，成立算学会：创造研究条件与环境

1928 年改为国立大学之前，清华购置图书有限，理科专门书籍甚少。之后，罗家伦、梅贻琦等校领导都十分重视购置图书仪器。罗氏上任第一年，校内图书仪器费支出 11 万 2 千余元。这在国内当时"没有一个大学能花这么多钱在图书仪器上面的。"1929 年又将图书经费增至 17 万 5 千余元。（[30]：205–207）是年还规定清华大学每年以经费 20% 作为图书仪器购置费。梅贻琦上任后，竭尽所能充实图书仪器等设备，认为："大学之良窳，几全系于师资与设备之充实与否"。（[46]：2–3）

抗战前清华大学每年图书仪器用款在 24 万元或 25 万元左右。其中图书费约 10 万元，在国内大学中首屈一指。每年图书经费的分配，除图书馆直接

支配约 2 万元外，其余分到各系，每系 1 万余元或数千元不等。除报章和普通杂志、参考书由图书馆办理外，各系需要的专用书籍都由各系提出经系主任签字后交图书馆统一购置。（[2]：142）表 8 为 1929 年度该校理学院图书仪器费用分配方案（[85]）。

表 8 1929 年度清华大学理学院图书仪器费用分配方案 单元：元

学系	图书	仪器	科学用品	总计
物理	2500	10000	400	12900
化学	5000	15000	2000	22000
心理	5600	6200	500	12300
生物	6000	7500	6300	19800
地理	4000	10000	—	14000
数学	10000	2000	—	12000
工程	1000	20000	—	21000
合计	34100	70700	9200	114000

由表 8 不难发现，分配给数学系的图书仪器总费用最少，但该系图书费用在理学院各系中最高。其他学系的仪器、科学用品费用都高于数学系，应与数学学科需要实验设备较少有关。1930 年后有几个年度生物系、化学系图书经费大体与数学系相当，都保持在 9 千至 1 万元上下。但数学系图书经费在理学院也名列前茅。（[86]、[87]）

专业数学书籍、期刊是了解数学研究动态、追踪前沿数学研究的主要渠道，也是启发新思想和砥砺数学研究的重要园地。熊庆来和杨武之都意识到它们对数学研究的重要性，因此几乎每年都充分利用学校分配的经费积极购置图书，还与北平图书馆联络分购，“以期有无相通”。至 1931 年，该系中文和英、法、德、意等文字数学书籍、期刊已约有 1700 册。其中名家专著有数十集，绝版难懂之书，亦有多种；订阅杂志，计 30 种，成套旧杂志近 10 集。（[48]）至 1933 年，其专业数学书籍、期刊藏量已排到国内重要大学数学系的前列。除南开大学数学系这两类图书藏量能与之抗衡外，其他重要大学数学系的藏量均与之无法相比。如浙江大学数学系只有图书 400 余本，新刊杂志 26 种。武汉大学数学系情况稍好，藏书也不过 1000 余种，外文杂志 25 种。（[67]：287–343）

南开大学数学系收藏的专业数学书籍、期刊较多，主要是系主任姜立夫注重图书资料的收藏与积累的结果。到 1933 年为止，南开大学数学系有外国数学名家著作 43 种、外文专业数学期刊 18 种。另有普通书籍 1000 余种，1400 余册。当年清华数学系收藏的数学专家著作有 37 种、外文专业数学期刊有 39 种。（[67]：288–292，410–415）

在数量上，南开大学数学系收藏的外国数学专家论集，比清华数学系收藏的多 6 种。其中，贝塞尔（F. W. Bessel）、凯莱（A. Cayley）、狄利克雷

（G. L. Dirichlet）、高斯（C. F. Gauss）、埃尔米特（C. Hermite）、雅可比（C. G. J. Jacobi）、克莱因（F. Klein）、拉格朗日（J. L. Lagrange）、庞加莱（H. Poincaré）、魏尔斯特拉斯（K. Weierstrass）等著名数学家的著作，两系都有收藏。清华数学系收藏的外文专业数学期刊种类，比南开大学数学系的多 25 种，其中包括 Acta Mathematica、American Journal of Mathematics、Annals of Mathematics、Proceedings of the London Mathematical Society 等极重要的专业数学期刊。清华大学数学系收藏的该类期刊包括了南开大学数学系所藏有的 16 种，而后者收藏前者未收藏的仅有 Periodico Mathematiche、Revue Semestrielle des Publications Mathématiques 两种。这表明，清华大学数学系在收藏外文专业数学期刊方面占有绝对优势，而在收藏外国数学专家著作方面稍逊于南开大学数学系。

1933 年以后，清华数学系更尽力购置图书。1934 年所藏外国数学专家著作达 51 种，外文重要专业数学期刊 40 种，另有普通书籍 1500 余册，“于研学甚为便利”。（[34]）至 1936 年已有专业数学期刊 67 种。其中绝版旧杂志 3 种，继续订阅杂志 44 种，与《清华大学理科报告》（Science Report of National Tsing Hua University）交换之国外数学杂志 20 种。这些期刊中成整套者 30 种，其未成整套者大都缺少不多，“正设法逐渐补全”。还有普通书籍 1800 余册，并增加“百科全书德、法文各一部”。（[70]）实际到 30 年代中期，清华数学系的外文专业数学期刊的种类与藏量已稳居国内重要大学数学系首位。

除积极购置图书外，为了创造研究环境，清华数学系 1928 年成立了“算学会”。民元之后，随着中国科学社等学术团体兴起，清华校园内出现一些学术团体。如 1915 年叶企孙、李济、刘树墉等学生组织成立了科学会。随着社团活动向全校开放，次年该会改组为“清华科学社”。（[88]）1927 年清华科学社分数学、物理、化学、工程、生物 5 组，数学组组长由数学系学生冯仲云担任。（[89]）1928 年清华改称国立大学后，每个学系基本都成立了“系会”，即专业社团。如理学院数学、物理、化学、生物、心理、地理各系分别成立算学会、物理学会、化学会、生物学会、心理学会、地理学会。在此基础上，理学院还成立理学会。（[90]）

与理学院其他学系系会一样，数学系师生均为算学会当然会员。对内对外的事务，由全系大会公举出的委员或干事负责。1932 年，算学会委员有 3 人：杨武之、陈省身、许宝騄，陈氏为主席。算学会最重要的活动，是举办公开的学术演讲。1931 年前，演讲者主要是系中的教师。报告内容主要是其新近的研究成果或数学界新成就的评介。一般在学术演讲之后，参加者要提出问题与演讲者探讨。此外算学会也举办过学术讨论会。1931 年后规定三四年级学生每人每学期至少演讲一次，每次 2 或 3 人，报告内容大都是个人毕业论文、研究成果，或读书心得。（[2]：190）由于讲题比较专门，外系的教师、学生很少去旁听。（[90]）不过，算学会的活动有声有色，抗战前坚持未断。这为数学系营造了良好的学术气氛。

↑ 清华算学会成员合影，前排左二唐培经，左三赵访熊，左四郑之蕃，左五杨武之，左六周鸿经，左七华罗庚；中排左一陈省身，左二施祥林，左四段学复；后排左一王琇（约摄于 1934 年）

理科研究所算学部与研究工作的展开

理科研究所算学部成立于 1930 年，隶属于清华数学系，是中国最早招收与培养数学专业研究生的学术机构。早在 1925 年，清华学校就开办了国学研究院，聘请王国维、梁启超、赵元任、陈寅恪作为导师，极一时之盛。但由于资源分配、大学部学生与研究院学生间权益冲突等原因，于 1929 年秋停办。（[3]：326–331）同年 7 月，即国学研究院停办之前，经校评议会议决，清华大学决定遵照《国立清华大学规程》的相关规定[4]，自 1929 年度起，开办研究院。随后设立文、理、法 3 科研究所。理科研究所设有算学、物理学、化学、生物学、地学、心理学 6 部。

算学部成立后，熊庆来出任主任。清华大学成立算学部的目的，就是培养有高深研究能力的数学家。因而算学部的成立对熊庆来、杨武之等“英才教育”的倡行者来说，可谓如虎添翼。如前所述，由于 1930 年所录取的吴大任申请保留学籍一年，陈省身被改聘为助教，当年算学部没有开课。1931 年开课后，为了切实办好算学部，熊氏及数学系其他教师做了以下几个方面的努力。

---

[4]这是指《国立清华大学规程》第 2 章第 4 条：“国立清华大学，得设研究院，以备训练大学毕业生继续研究高深学术之能力，并协助国内研究事业之进展。”

第一，研究方向立足于纯粹数学的三大经典分支。算学部共开设几何、代数与数论、分析 3 个方向，并分别由孙光远和郑之蕃、杨武之、熊庆来这四大台柱指导。1933 年孙光远离校后，又增聘赵访熊和曾远荣为导师。这样的研究方向设置有两大优势。其一，几何、代数、分析为现代纯粹数学的三大经典分支，各门数学均以它们为宗，研究生可以凭着自己的兴趣与所长自由选择。这样有助于其个性发展。其二，清华数学系所聘教授专业基本分布于代数、几何、分析三大分支。这样的研究方向设置，可以使他们人尽其才。

第二，培养研究生坚持宁缺毋滥。清华数学系对本科生就本着重质不重量之标准，对研究生则更是高规格，严要求。首先，招生宁缺毋滥。1930 年至 1937 年算学部仅录取 6 人：陈省身、吴大任、施祥林、庄圻泰、闻人乾、许宝騄。他们均为数学研究潜能较好的青年才俊。陈省身与吴大任均为南开大学数学系高才生；吴氏曾两次获得每年度仅一个名额的全校最高奖；施祥林、庄圻泰、许宝騄均为清华数学系成绩优异的本科毕业生，是通过免试推荐入算学部的。录取这 6 人后，算学部 1934 年后连续 4 年未招到学生。这与自该年夏起清华大学本科毕业生读本校研究生，亦须参加入学考试（[46]），而算学部考试录取标准太严有关。其次，按照学校的规定，研究生学年平均成绩不及 65 分者，即令退学。学生毕业需有历年学分平均成绩、毕业论文及毕业初试 3 个成绩。论文占 50%，毕业初试和学分成绩各占 25%。毕业论文与初试都以 70 分及格。（[91]：564–566）可见标准之严格。

第三，培养研究生采取开放形式，不保守。为了让研究生接触和学习拓扑学，在系中没有教师胜任该课情况下，1931 年熊庆来毅然请到北京大学执教不久的江泽涵到系中开课。1935 年至 1936 年，清华数学系还请到阿达马、维纳这两位世界一流数学家到系中讲学。此外，1932 年春德国数学家布拉施克到北京大学讲学时，安排陈省身、许宝騄等研究生去听。这种开放的培养形式，对研究生开阔视野，接受数学新领域的新知识裨益匪浅。前文所述布拉施克的讲座对陈省身影响即重要表征。

第四，研究生课程注重基础、广博与高深并重。自 1931 年正式开课至 1937 年，算学部课程“视教授专长及学生需要，时或变更，学生宜就其所欲从事之方向，与部主任接洽选修。”（[92]：627）这指选修课而言，必修课没有什么变化。1932 年与 1936—1937 年度算学部课程中的必修课均相同，都有表 9 中的 5 门，共 15 学分（[63]；[93]：629–631）。

这 5 门课均取自数学系本科分组必修课程。前 3 门属于分析组，占必修课程门数的 60%，后 2 门分属代数与几何组，各占 20%。而且，它们与本科课程中这 5 门课所包括的内容完全相同。例如，近世代数都包括“数阵、偶线性方式、线性方程组、二次方式、海尔米方式、对称偶线性方式、海尔米偶线性方式、线性变换论、不变因子、基本除式、方式对、不变式”；函数论

表 9 算学部必修课程

序号	课程名称	学分	应预习课程
1	分析函数	3	高等分析
2	函数论	3	分析函数
3	微分方程式论	3	分析函数
4	近世代数	3	高等代数
5	微分几何	3	高等分析

均包括“集论、函数连续性与间断性之讨论、贝尔氏之分类、级[5]数之各特性、黎曼氏积分、勒贝格积分及其他积分之定义、级数之新理论。”（[64]：408–414；[93]：629–633）其他 3 门亦同，在此不一一列举。也就是说，算学部必修课程即本科生三四年级分组必修课程的一部分。可见，该系的“英才教育”是从本科生到研究生一以贯之的。

算学部开设的选修课程门数很多。1931 年正式开课后一度开设 28 门，最迟至 1936 年增至 32 门。兹将这 32 门课列表如下（[93]：629–633）[6]。

表 10 1936—1937 年度算学部选修课程

序号	课程名称	学分	应预习之学程
1	椭圆函数	3	分析函数
2	数论	3	高等代数
3	不变量	3	高等代数
4	群论	3	高等代数
5	射影几何	3	高等几何
6	非欧几何	3	高等几何
7	代数曲线及曲面	3	高等几何
8	变分学		高等分析
9	积分方程式		微分方程论
10	调和函数		分析函数
11	函数专论		分析数及函数论
12	微分方程式专论		微分方程式论
13	有法函数族论		分析函数
14	整函数论		分析函数
15	伏利野氏级数[7]	3	高等分析
16	分析专题研究（一）	2	
17	分析专题研究（二）	2	
18	近代三角级数	3	伏利野氏级数
19	代数数论	3	数论
20	Algebra and Their Arithmatics	3	代数数论及群论

[5]原文误作“纪”，径改为“级”。

[6]未注明学分者应为需要临时定的课程。

[7]伏利野氏级数即傅里叶级数。

续表

序号	课程名称	学分	应预习之学程
21	代数专题研究（一）	2	
22	代数专题研究（二）	2	
23	代数几何		高等几何
24	多元几何		高等几何
25	线几何		射影几何
26	形势几何[8]	3	射影几何
27	近代微分几何（一）	3	微分几何
28	近代微分几何（二）	3	微分几何
29	近代微分几何（三）	3	微分几何
30	近代微分几何（四）	3	微分几何
31	几何专题研究（一）	2	
32	几何专题研究（二）	2	
总计		60	

与此前开设的 28 门选修课程相比，这 32 门课程所增加的有整函数论、有法函数族论、伏利野氏（傅里叶）级数、近代三角级数 4 门。除这 4 门外，调和函数、函数专论、微分方程式专论、分析专题研究（一、二）、代数数论、Algebra and Their Arithmatics、代数专题研究（一、二）、多元几何、线几何、形势几何、近代微分几何（一、二、三、四）、几何专题研究（一、二）等 18 门都是本科从未开设的课程。这 22 门新课占算学部选修课程总门数的 68.8%。其中一些是 20 世纪以后的新兴课程，如形势几何，即拓扑学，当时在国际上是非常流行的。另外，积分方程式这门课，1934 年起由曾远荣教授开设。他当时是以颇具“现代化”的泛函分析的观点讲授的（[68]）。同时在分析、几何、代数这三个方向上，均设有专题研究课程。这说明算学部选修课程的设置，不但注重课程的广博性，具有高度的选择性，而且注意介绍新知识。

除必修和选修课外，算学部至迟从 1936 年起还开设“专题演讲与讨论”课程。该课没有固定题目，亦不占学分，由研究生就其研究课题及感兴趣的问题做研究报告，教师与学生一起进行讨论。

整体来看，理科研究所算学部的课程较为系统，其特点是必修课程以扎实研究基础为主，选修课程兼重广博性和深入性。这样的课程既有利于训练和提高学生数学研究能力，还易于适应学生个性差异，有利于学生个性发展。

为开设这样的课程，熊庆来实际煞费苦心，充分发挥了系中教师的集体力量和潜能。赵访熊回忆道：抗战前算学部“已能开出全套研究生课程，供本校研究生与高年级学生选修。…… 我在清华的老同学庄圻泰是熊先生的

[8]形势几何即拓扑学。

第一位研究生。毕业前一个学期，他还差一门几何选修课。一般的几何课程他都已学过。为了完成他的学业，熊先生命令我为他开设非欧几何。这门课程在我国大学还未曾开设过。好在我在美国哈佛大学学过，我就竭尽全力开设了这门比较难教的课程。”（[94]：151–152）

客观地讲，算学部在分析、代数、几何三个方向上的研究力量并不都强。其中分析、几何两个方向胜过代数方向。在算学部先后任职的6位导师中，熊庆来、曾远荣均擅长分析，孙光远见长于几何，杨武之专长于代数，赵访熊专攻于应用数学与计算数学。其中熊庆来、孙光远、曾远荣的研究成绩最好，其次才是杨武之、赵访熊；郑之蕃的研究兴趣在数学史，基本不做纯粹的数学研究。当时研究生对算学部研究力量不均之现象亦有反应。吴大任竟以杨武之所给研究题目没有意义而中止了学业。（[95]：229）

抗战前算学部录取的6位研究生，只有陈省身、施祥林、庄圻泰正式毕业，吴大任、闻人乾、许宝騄肄业。他们在校学习情况与离校后的走向，如表11（资料主要源自[82]；[92]：628；[96]：655–656；[97]：665–666）。

表11 抗战前理科研究所算学部研究生学习情况与离校后的走向

姓名	入学时间	毕业或肄业时间	在学情况与毕业后走向
陈省身	1931	1934	总成绩1.179（学分成绩总平均：1.193；毕业考试：上$^{+}$，1.125；论文考试：超，1.200）。毕业论文：Associate Quadratic Complexes of a Rectilinear Congruence。毕业后由清华大学派遣留学，赴德国汉堡大学深造，1936年获博士学位。1937年起任清华数学系教授。1947年起任中央研究院数学研究所代理所长。1948年当选中央研究院首届院士。1949年起任芝加哥大学数学系教授。1960年改任加州大学伯克利分校数学系教授。1961年当选美国科学院院士。1981年至1984年任美国数学研究所所长。1984年获1983—1984年度沃尔夫奖。
施祥林	1932	1935	总成绩1.116（学分成绩总平均：1.136；毕业考试：上，1.075；论文考试：上$^{+}$，1.125）。毕业论文：Associate Contact Quadrics of a Rectilinear Congruence。毕业后留校任数学系助教。1936年入美国哈佛大学深造，师从著名数学家斯通（M. H. Stone）、惠特尼（Whitney）和哈塞尔（Hassler），从事微分几何与拓扑学的学习和研究，1941年获博士学位。随后曾在美国国务院所属的远东文化合作小组商业部人口局统计研究组工作。1945年返国后一直任中央大学数学系教授。
庄圻泰	1933	1936	总成绩不详。毕业论文：On the Distribution of the Values of the Meromorphic Functions of Infinite Order。毕业后由清华大学派遣留学，赴法国巴黎大学深造，1938年获博士学位。1939年起执教于云南大学数学系。1946年起任北京大学数学系教授。

续表

姓名	入学时间	毕业或肄业时间	在学情况与毕业后走向
吴大任	1931	1932	1932 年秋起执教于南开大学数学系。1933 年考取中英庚款留学名额，赴英国伦敦大学深造，1935 年获科学硕士学位。1935 年至 1937 年在德国汉堡大学做访问学者。1937 年至 1946 年先后任武汉大学、四川大学数学系教授。1946 年起任南开大学数学系教授。
闻人乾	1931	不详	1953 年获美国加州大学博士学位。曾任兰州大学数学系教授、台湾清华大学数学系教授。
许宝騄	1933	1934	1934 年起执教于北京大学数学系。1936 年考取中英庚款留学名额，赴英国伦敦大学深造，1938 年获哲学博士学位，1940 年获科学博士学位。1940 年起任北京大学教授。1948 年当选中央研究院首届院士。1945 年至 1947 年，先后在美国加州大学伯克利分校、哥伦比亚大学、北卡罗来纳大学任访问教授。1955 年膺选中国科学院学部委员。

3 位正式毕业生中，陈省身由于成绩优秀，被派遣出国留学。施祥林的成绩较好，留系任助教。庄圻泰的成绩不详，但应属优秀之列，否则不会被派遣出国留学。从离校后的走向看，这 6 人日后都曾在国外深造，有 5 人获博士学位，并大都成为有成就的数学家。最突出的是陈省身和许宝騄，1948 年与华罗庚、苏步青、姜立夫一并当选中央研究院数学院士。陈省身一生还获得其他多种殊荣，如 1961 年当选美国科学院院士、1984 年获 1983—1984 年度沃尔夫奖；做过中央研究院数学研究所代理所长、美国数学研究所所长。可以说，抗战前算学部虽然培养学生很少，但毕业生或肄业生日后都走上数学研究之路，有的还成为享誉国际数坛的杰出数学家。

↑ 1932 年清华大学研究院研究生合影，第二排右一吴大任；第三排右一闻人乾，右二陈省身

随着理科研究所算学部的成立，清华数学系师生的研究工作不断展开。抗战前系中专职教师（不包括江泽涵、维纳、阿达马）前后共计 21 人，有

12 人发表论著。其中专书和译著各 1 种，论文 61 篇，发表率为 57%[9]，教师人均发表论文 2.9 篇。兹将抗战前该系教师发表论著情况列于下表（资料主要源自［98］）：

表 12　抗战前清华数学系教师论著统计[10]

职务	姓名	专书	编译	论文	论著发表时间和数量
教授	郑之蕃	0	1	0	1932（1）
教授	熊庆来	1	0	5	1933（1），1933（2），1934（1），1935（2）
教授	杨武之	0	0	3	1931（1），1935（2）
教授	孙光远	0	0	5	1930（2），1931（2），1933（1）
教授	曾远荣	0	0	2	1935（1），1936（1）
教授	李达	0	0	3	1934（3）
教授	赵访熊	0	0	4	1934（2），1935（1），1937（1）
专任讲师	胡坤陞	0	0	1	1933（1）
教员	华罗庚	0	0	33	1931（4），1934（8），1935（11），1936（6），1937（4）
助教	施祥林	0	0	1	1935（1）
助教	陈鸿远	0	0	2	1936（2）
助教	徐贤修	0	0	2	1936（2）
小计	12	1	1	61	

在清华大学理学院，数学系教师的发表率居第二位，人均发表论文篇数居第四位。抗战前该院地学系全系教师 19 人，出版专书 25 种，发表论文 87 篇，编译著作 4 种，撰写书评 1 篇，发表率为 58%，人均发表论文 4.6 篇；心理系全系教师 14 人，出版专书 23 种，发表论文 7 篇，编译著作 8 种，撰写书评 7 篇，发表率为 50%，人均发表论文 0.5 篇；生物系全系教师 22 人，出版专书 4 种，发表论文 100 篇，发表率为 45%，人均发表论文 4.5 篇；物理系全系教师 23 人，出版专书 3 种，发表论文 55 篇，发表率为 26%，人均发表论文 2.4 篇；化学系全系教师 22 人，出版专书 2 种，发表论文 119 篇，发表率为 23%，人均发表论文 5.4 篇。[11]这就是说，数学系教师的发表率在理学院仅次于地学系教师，人均发表论文篇数处于中等偏下水平。

在发表论著方面，数学系表现最突出的教师是华罗庚。其发表论文篇数占全系教师论文总数的 54%。接下来是教授熊庆来。不但有 5 篇论文发表，还有 1 部专著出版。稍后的是教授孙光远、赵访熊、杨武之、李达，再后是教授曾远荣。而且，数学系 3 位助教徐贤修、陈鸿远、施祥林也有出色的表现。此期的特点为教授论文发表率较高。在系中前后任职的 7 位教授，6 人均有论文发表，发表率为 86%。

[9] 发表率是指发表文章的教师占教师总数的比例。

[10] 此统计限于该时期各教师任职期内发表的论著。“论著发表时间和数量”一栏，括号前和括号中的数字分别表示发表时间和数量。表中所列职务为教师在抗战前的最高职务。

[11] 关于地学系、心理系、生物系、物理系、化学系教师发表论著的数据，参见［4］：144−157。

由表 12 可知，1934、1935、1936 年是数学系教师发表论文的高峰年，分别发表 14、18、11 篇，共计 43 篇。论文篇数占抗战前全系教师发表论文总数的 70%。这 3 年中华罗庚、徐贤修、陈鸿远、施祥林等数学新秀，熊庆来、杨武之等老教授，曾远荣、赵访熊等留学归国不久的数学精英，均有出色表现。尤其华罗庚在这 3 年一直保持高产的势头，连续发表论文 25 篇。这表明清华数学系经过六七年的发展，教师研究成绩开始呈上升趋势。1937 年系中教师仅发表 5 篇论文，主要因为此年日本发动全面侵华战争，全国上下一片混乱，正常的研究工作难以进行，国内不少刊物停刊。而且清华地处北平，为战争的焦点，遭受影响甚重，教师根本无法研究，研究成绩受到极大影响。

从现有文献看，抗战前清华数学系教师的研究成绩，高于全国平均水平。由于这个时期国内大部分大学教育经费不足，教师待遇低下，学校又时常出现拖欠教师薪金的问题，教师在校外兼课之风盛行，研究风气并不浓厚，研究成绩也不显著。据教育部统计，1934 至 1936 年全国专科学校以上学校教师，从事于专题研究者，仅约占 14%。([4]：144）这个统计不一定完全，但也说明一定问题。而清华数学系教师发表率为 57%，表明该系起码半数以上的教师都在从事研究工作。这个比率远高于全国平均比率。

抗战前清华数学系一些学生也发表过论文。如陈省身 1932 年在《清华大学理科报告》发表 “Pairs of plane curves with points in one-to-one correspondence”。这是他的第一篇数学论文。1935 年 4 月，日本《东北数学杂志》(Tôhoku Mathematical Journal）同时发表陈氏两篇论文：“Triads of rectilinear congruences with generators in correspondence”([99]）和 “Associate quadratic complexes of a rectilinear congruence”([100])。后者为其硕士论文一部分。该杂志社在接受信中还对后者有称赞的话([74]：99)。庄圻泰在研究生期间撰写 3 篇论文，2 篇先后于 1935 年、1936 年发表于《清华大学理科报告》。后 1 篇是他硕士论文 “On the Distribution of the

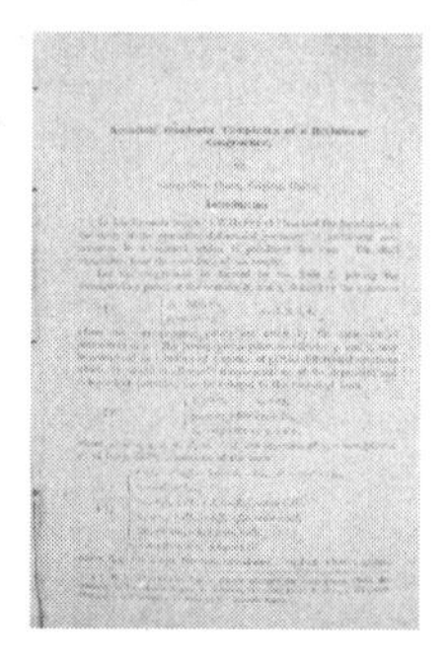

↑ 1935年陈省身在《东北数学杂志》发表的硕士论文部分成果
（左为该期杂志封面，右为论文首页）

Values of the Meromorphic Functions of Infinite Order”，1937 年发表于《中国数学会学报》(Journal of the Chinese Mathematical Society)。

抗战前清华数学系师生的研究工作分布于函数论、数论、泛函分析、射影几何、积分方程论等方面。熊庆来在函数论方面关于无穷级整函数与亚纯函数的研究成就最突出。1932 年至 1934 年，熊氏在巴黎深造期间，与著名的函数论专家瓦利龙（G. Valiron）一起致力于函数值分布理论的研究。当时瓦利龙对有穷级整函数与亚纯函数引入精确级的概念，并获得理想结果。但关于无穷级的函数，则仅有布卢门塔尔（O. Blumenthal）的工作。而他的这项工作不够精密，且仅限于整函数。熊氏 1935 年在法国《纯粹及应用数学学报》(Journal de Mathematiques pures et appliquées) 发表了论文“Sur les fonctions entières et les fonctions méromorphes d'ordre infini”。此文引入型函数，定义了一种无穷级，得到了完美的结果。这开创了无穷级整函数与亚纯函数值分布研究中的新局面。这个无穷级在国际上被誉为熊氏无穷级。([101]：95–97)

在数论方面，杨武之相继于 1931 年、1935 年在《清华大学理科报告》发表论文“Representation of positive integers by pyramidal numbers $f(x) = (x^3 - x)/6, x = 1, 2, \cdots$.”和“Quadratic field without Euclid's algorithm”。受杨氏影响，华罗庚致力于华林（Waring）问题及其有关问题的研究。其部分成果发表于日本《东北数学杂志》及德国《数学年鉴》(Mathematische Annalen)。当时后者为世界上最重要的数学杂志之一。1935 年起华氏追踪维诺格拉朵夫的研究成果，次年赴剑桥大学进修后便在数论方面做出世界一流工作，并引起国际数学界关注。

在泛函分析方面，曾远荣进行了自伴函数变换的谱表示等专题的研究([102]：3)。1935 年在《清华大学理科报告》发表论文“Spectral representation of self-adjoint functional transformations in a non-Hilbertian space”。在这篇论文中，曾氏推广了他先前关于积分方程研究得到的一个重要定理。

结语

1927 年清华大学数学系的成立，是中国现代数学职业化和体制化开始向高层次发展的历史产物；也是数学在科学发展中的重要性和基础性学科地位，已经得到社会普遍认同的背景下，清华学校改组大学的必然结果。抗战前清华数学系的创建历程，是中国数学界早期精心打造高等数学教育机构和数学研究中心的一个缩影。1930 年理科研究所算学部的成立，则是中国数学界从侧重教学转入兼重学术研究的标志。

清华数学系成立后迅猛发展，未及 10 年便取得傲人的办学成绩，从而异军突起，绝非偶然。首先，国民政府和清华大学均起到不可替代的作用。清华数学系成立的当年，恰逢国民政府奠都南京。南京国民政府成立后，国家政局趋于稳定，政府对科学事业的投入明显加大。教育和学术研究机构不再受战乱影响，学人大都安居乐业。不仅如此，政府重视高等教育，努力提高教育效能，制定了包括《大学教员资格条例》、《大学组织法》和《大学规程》在内的一系列推进高等教育发展的政策、法规。这为清华大学和其他高等院校的发展奠定了重要基础。

清华大学是一所在中国旧教育体系之外另起炉灶的新制学校。教师留学欧美者较多，受欧美教育模式的影响较大，基本没有旧社会的包袱，易于接受先进思想、进行教育革新。同时，清华大学经费源自美国退还之庚子赔款，较为稳定，其他高等院校大都望尘莫及。20 世纪 30 年代前期，北平学生中流传着这样的说法："北大老，师大穷，只有清华可通融"。([68]：60)这即指由于清华大学受旧传统、旧观念的束缚较少，经费相对稳定、充足，许多学生都希望考入该校。不宁唯是，清华大学有理想的校长罗家伦和梅贻琦。他们均大力提倡学术研究，力主延揽名师，注重充实图书仪器等设备。而且，为了保证和提升师资水平，清华大学既规定较为严格的教师聘用资格，又实施连续服务满 5 年的教授可支全薪或半薪到国外从事研究合作或进修的休假制度。为了确保生源质量和办学成绩，清华大学对学生设置的入学门槛较高，对学生管理相当严格。这些从外部为清华数学系异军突起提供了多方面的保障。

其次，清华数学系侧重"英才教育"，提倡学术研究，注重壮大师资阵容，积极创造研究条件和环境。系主任熊庆来和代理系主任杨武之均把培养数学家、将该系打造成数学研究中心作为己任。为此，他们不仅注意延揽优秀留学生到系中执教，还致力于罗致有培养前途的数学新秀加以培养，并聘请国内外一流数学家到校系统讲学。为了创造研究条件和环境，数学系几乎每年都利用较为充足的经费积极购置图书。这使其专业数学书籍、期刊藏量于 1933 年已排到国内重要大学数学系的前列。算学会有声有色、坚持不断的活动亦为该系营造了良好的学术氛围。

第三，清华数学系形成了有效的内在发展机制。其一，形成数学新秀培养机制。该系利用系中优越的研究条件和浓郁的学术氛围，支持、鼓励数学新秀进行学术研究，让他们把主要精力用于研习自己的专攻方向，准备出国留学考试。这样，经过几年的培养，大部分新秀便打好了扎实的专业基础，考取了公费留学名额，到国外知名学术机构深造去了。经过深造，不少人都获得博士学位，成为卓有成就的数学家。对华罗庚这样的"天才学生"，该系还打破成规大胆起用，完全以开放的姿态为他创造学习和研究条件，并积极促成校方对他的破格提拔。其二，形成精英式的学生培养机制。对本科生，立足高考录取生与转学生、转系生三大生源，进行严格训练。课程以“不欲浅隘，亦忌浮夸”的原则，围绕“三高”系统设置，相对充实。教学提倡“学与思并重”，注重演题训练，力求使学生理解基本学理和获得研习数学的实际工具，将他们推向科学殿堂。在培养过程中，重质不重量，并进行严格筛选。对研究生，坚持宁缺毋滥，采取开放的形式培养，并立足代数、几何、分析三大数学分支设置利于训练和提高学生数学研究能力和个性发展的兼重基础、广博与高深的课程。在这种培养机制下，数学系部分学生毕业或肄业后，亦考取公费留学名额或获得资助出国深造，并大都成为国内数学名家；陈省身、许宝騄等少数学生还成为在国际数学界遐迩闻名的数学家。

与此同时，清华数学系规模较小，师生课上课下面对面、一对一的交流和接触机会较多。熊庆来和杨武之都有强烈的事业心和较高的工作热情，并合作无间，精诚团结，共同致力于数学系的发展。数学系对新聘教师要求严格，即使其过了教师关，但过不了学生关，也要被解聘，这在一定程度上保障了师资水平。这些对抗战前该系在较短时间内能够异军突起亦应起到积极作用。

最后应该指出，抗战前清华数学系的异军突起，是中国现代数学朝着崛起的方向迈出的坚实一步，也是中国数学走向世界的重要一环。抗战全面爆发后的 10 年里，虽然中国现代数学的整体水平与欧美、日本数学还有相当的差距，中国的“学术独立”之梦还远未实现，但华罗庚、陈省身、许宝騄等都取得了达到世界先进水平的研究成就，并培养了一批年轻的数学家。现代数学在中国的发展达到了它的第一次高潮。这为 1949 年后中国数学的发展奠定了基础。

在科教兴国已经成为国策的今天，重温 70 多年前清华数学系的创建历程，探讨其异军突起的主要原因，相信会有助于了解和认识抗战前中国现代数学的发展历程，也可为探索中国当代高等数学教育和科研体制提供一些有益的历史借鉴。鉴古知今，继往开来，希冀中国早日跻身世界数学强国之林。

致谢：拙文是中国科学院自然科学史研究所所长基金项目“中国现代数学的兴起与体制化研究”的研究成果之一。笔者承蒙郭书春、袁向东两位研究员指导，李文林研究员、张英伯教授帮助，匿名审稿专家惠赐修改意见，谨此一并致谢。

参考文献

[1] 陈省身. 我与华罗庚//张奠宙，王善平编. 陈省身文集. 上海：华东师范大学出版社，2002.

[2] 清华大学校史编写组编著. 清华大学校史稿. 北京：中华书局，1981.

[3] 苏云峰. 从清华学堂到清华大学：1911—1929. 北京：生活 · 读书 · 新知三联书店，2001.

[4] 苏云峰. 抗战前的清华大学：1928—1937. 台北："中研院" 近代史研究所，2000.

[5] 王元. 华罗庚. 南昌：江西教育出版社，1999.

[6] 张奠宙. 中国近现代数学的发展. 石家庄：河北科学技术出版社，2000.

[7] 张奠宙，王善平. 陈省身传. 天津：南开大学出版社，2004.

[8] 张友余. 三十年代初清华促进华罗庚、陈省身成才的思考. 高等数学研究，1999（4）：25，42–45.

[9] 郭金海. 晚清重要官办洋务学堂的中算教学 —— 从上海广方言馆到京师同文馆. 汉学研究，2006，24（1）：355–385.

[10] Wang K T. The differentiation of quaternion functions. Proceedings of the Royal Irish Academy，1911，29（4）：73–80.

[11] 金以林. 近代中国大学研究. 北京：中央文献出版社，2000.

[12] 丁石孙，袁向东，张祖贵. 北大数学系 80 年. 中国科技史料，1993，14（1）：75.

[13] 蔡元培. 就任北京大学校长之演说//高叔平. 蔡元培全集. 第 3 卷. 北京：中华书局，1984.

[14] 蔡元培. 北大授与班乐卫等名誉学位礼开会词（1920 年 8 月 31 日）. 北京大学日刊. 1920 年，第 678 号.

[15] 任南衡，张友余编著. 中国数学会史料. 南京：江苏教育出版社，1995.

[16] 梁启超. 学问独立与清华第二期事业. 清华周刊，1925，24（1）：5.

[17] 张荫麟. 论最近清华校风之改变. 清华周刊，1925，24（3）：135.

[18] 庄泽宣. 中国的大学教育. 清华周刊，1926（十五周年纪念增刊），112.

[19] 庄泽宣. 筹办清华大学专门科文理类意见书. 清华周刊，1925，24（4）：287–288.

[20] 国立清华大学评议会会议纪录. 北京：清华大学档案，全宗号 1，目录号 2—1，案卷号 6：1.

[21] 1925 年大学专门科筹备处拟就之课程//清华大学校史研究室编. 清华大学史料选编. 第 1 卷. 北京：清华大学出版社，1991，332–333.

[22] 中国第二历史档案馆编. 中华民国史档案资料汇编. 第 3 辑 · 教育. 南京：江苏古籍出版社，1991.

[23] 黄延复. 熊庆来//云南省纪念熊庆来先生百周岁诞辰筹备委员会编. 熊庆来纪念集 —— 诞辰百周年纪念. 昆明：云南教育出版社，1992.

[24] 熊庆来. 胡坤陞教授数学论文集序//四川大学数学系整理. 胡坤陞遗著. 第 1 卷（数学论文集）. 北京：人民教育出版社，1960.

[25] 国立清华大学条例//清华大学校史研究室编. 清华大学史料选编. 第 2 卷上. 北京：清华大学出版社，1991.

[26] 冯友兰. 清华大学//鲁静，史睿编. 清华旧影. 北京：东方出版社，1998.

[27] 罗家伦. 学术独立与新清华//清华大学校史研究室编. 清华大学史料选编. 第 2 卷上. 北京：清华大学出版社，1991.

[28] 罗家伦. 罗家伦先生文存. 第 4 册. 新店：“国史馆”印行，1976.

[29] 罗家伦. 整理校务之经过及计划//清华大学校史研究室编. 清华大学史料选编. 第 2 卷上. 北京：清华大学出版社，1991.

[30] 罗家伦. 清华大学之过去与现在//清华大学校史研究室编. 清华大学史料选编. 第 2 卷上. 北京：清华大学出版社，1991.

[31] 梅校长到校视事召集全体学生训话//清华大学校史研究室编. 清华大学史料选编. 第 2 卷上. 北京：清华大学出版社，1991.

[32] 黄延复. 水木清华：二三十年代清华校园文化. 桂林：广西师范大学出版社，2001.

[33] 熊迪之. 算学系概况//清华大学校史研究室编. 清华大学史料选编. 第 2 卷上. 北京：清华大学出版社，1991.

[34] 杨武之. 算学系概况. 清华周刊，1934，41（13、14 期合刊）：33.

[35] 杨振汉. 父亲的回忆//清华大学应用数学系编. 杨武之先生纪念文集. 北京：清华大学出版社，1997.

[36] 熊秉明. 忆父亲//云南省纪念熊庆来先生百周岁诞辰筹备委员会编. 熊庆来纪念集 —— 诞辰百周年纪念. 昆明：云南教育出版社，1992，164–169.

[37] 熊庆来. 理学院概况. 清华大学廿周年纪念刊，1931，18.

[38] 吴有训. 理学院概况//清华大学校史研究室编. 清华大学史料选编. 第 2 卷上. 北京：清华大学出版社，1991.

[39] 陈省身. 学算四十年//陈省身著，张洪光编. 陈省身文选 —— 传记、通俗演讲及其它. 北京：科学出版社，1989.

[40] 许康，苏衡彦. 关于李达博士生平史料的若干探索和注记. 中国科技史料. 2001，22（3）：256–259.

[41] 许国保. 出席万国数学学会之经过. 交大季刊，1932，13：77–82.

[42] 徐贤修. 纪念迪师百龄诞辰//云南省纪念熊庆来先生百周岁诞辰筹备委员会编. 熊庆来纪念集 —— 诞辰百周年纪念. 昆明：云南教育出版社，1992.

[43] 段学复. 怀念华罗庚 —— 天才和勤奋造就华罗庚成为一位伟大的数学家//丘成桐，杨乐，季理真主编，冯克勤副主编. 传奇数学家华罗庚：纪念华罗庚诞辰 100 周年. 北京：高等教育出版社，2010，19–22.

[44] 蔡福林. 杨老师不忘宣扬“清华精神”//清华大学应用数学系编. 杨武之先生纪念文集. 北京：清华大学出版社，1998.

[45] 江泽涵. 漫谈六十年来学和教拓扑学//江泽涵先生纪念文集编委会编. 数学泰斗世代宗师. 北京：北京大学出版社，1998.

[46] 梅贻琦. 五年来清华发展之概况. 清华周刊，1936，（44）：2–3.

[47] 陈省身. 忆迪之师//云南省纪念熊庆来先生百周岁诞辰筹备委员会编. 熊庆来纪念集 —— 诞辰百周年纪念. 昆明：云南教育出版社，1992.

[48] 熊庆来. 算学系概况. 清华大学廿周年纪念刊，1931，19–21.

[49] 科学新闻. 科学，1936，20（7）：591.

[50] 王元. 华罗庚//王元主编，袁向东副主编. 中国科学技术专家传略. 数学卷 1. 石家庄：河北教育出版社，1996.

[51] 熊庆来. 熊庆来先生在中国科学院数学研究所欢迎会上的讲话. 数学进展，1957，3（1）：676.

[52] 国立清华大学一九三一年至一九三六年度各院系教师名单. 北京：清华大学档案，全宗号 1，目录号 2—1，案卷号 112.

[53] 国立清华大学学程大纲（附学科内容说明），1928 年度.

[54] 国立清华大学本科学程一览，民国十八至十九年度.

[55] 周培源. 芝加哥通信. 清华周刊，1924，（325）：22–23.

[56] 国立清华大学教师服务及待遇规程//清华大学校史研究室编. 清华大学史料选编. 第 2 卷上. 北京：清华大学出版社，1991.

[57] 赵访熊. 梅贻琦百岁诞辰纪念会赵访熊教授的讲话//清华校友总会编. 清华校友通讯（复 20 册）. 北京：清华大学出版社，1989.

[58] 国立清华大学任免教务长、秘书长、各院长、系主任、图书馆馆长的来往函件. 北京：清华大学档案，全宗号 1，目录号 2—1，案卷号 110.

[59] 数学系. 清华周刊，1928，（11）：815.

[60] 段学复. 杨师 · 清华与我//清华大学应用数学系编. 杨武之先生纪念文集. 北京：清华大学出版社，1997.

[61] 周民强. 庄圻泰//中国科学技术协会编. 中国科学技术专家传略. 理学编数学卷 1. 石家庄：河北教育出版社，1996.

[62] 柯召. 忆武之师//清华大学应用数学系编. 杨武之先生纪念文集. 北京：清华大学出版社，1997.

[63] 理学院各系课程一览//国立清华大学一览，1932，126–135.

[64] 理学院算学系学程一览//清华大学校史研究室编. 清华大学史料选编. 第 2 卷上. 北京：清华大学出版社，1991.

[65] 庄圻泰. 回忆老师熊庆来先生//马春沅. 中国近代数学先驱熊庆来. 太原：山西人民出版社，1980.

[66] 熊庆来. 高等算学分析讲义. 北平：国立清华大学印刷所，1932.

[67] 国立编译馆编辑. 教育部天文数学物理讨论会专刊. 南京：国民政府教育部印行，1933.

[68] 丁石孙，袁向东，张祖贵. 几度沧桑两鬓斑，桃李天下慰心田 —— 段学复教授访谈录. 数学的实践与认识，1994（4）：57–74.

[69] 国立清华大学本科教务通则//国立清华大学一览，1932，19–24.

[70] 熊庆来. 算学系概况//清华大学校史研究室编. 清华大学史料选编. 第 2 卷上. 北京：清华大学出版社，1991.

[71] 可久. 郑之蕃教授在清华二三事//政协吴江县委员会文史资料委员会与吴江柳亚子纪念馆编. 郑桐荪先生纪念册. 南京：江苏教育出版社，1989.

[72] 徐贤修. 怀念武之师一百零一诞辰纪念//清华大学应用数学系编. 杨武之先生纪念文集. 北京：清华大学出版社，1997.

[73] 赵访熊. 怀念郑之蕃教授//政协吴江县委员会文史资料委员会与吴江柳亚子纪念馆编. 郑桐荪先生纪念册. 南京：江苏教育出版社，1989.

[74] 陈省身. 怀念杨武之先生，回忆清华的生活//清华大学应用数学系编. 杨武之先生纪念文集. 北京：清华大学出版社，1997.

[75] 庄圻泰. 我和杨武之先生的接触//清华大学应用数学系编. 杨武之先生纪念文集. 北京：清华大学出版社，1997.

[76] 曹云祥. 改良清华学校之办法//清华大学校史研究室编. 清华大学史料选编. 第 1 卷. 北京：清华大学出版社，1991，417–418.

[77] 大学部组织及课程//清华大学校史研究室编. 清华大学史料选编. 第 1 卷. 北京：清华大学出版社，1991.

[78] 历年本科应考及录取人数比较表. 清华周刊，1936，（44）：48–51.

[79] 各会议关于教务之议决案//清华大学校史研究室编. 清华大学史料选编. 第 2 卷上. 北京：清华大学出版社，1991.

[80] 数学系课程总则. 北京：清华大学档案，全宗号 2，目录号 3，校 3，案卷号 091.

[81] 苏云峰. 清华大学师生名录资料汇编：1927—1949. 台北："中研院"近代史研究所，2004.

[82] 《科学家传记大辞典》编辑组编辑. 中国现代科学家传记. 1—6 集. 北京：科学出版社，1991，1992，1993，1994.

[83] 招考处. 清华周刊，1928，（10）：732.

[84] 本科教务通则//清华大学校史研究室编. 清华大学史料选编. 第 2 卷上. 北京：清华大学出版社，1991.

[85] 国立清华大学校务委员会会议纪录. 北京：清华大学档案，全宗号 1，目录号 2—1，案卷号 7：1.

[86] 国立清华大学一九三三年度概算、预算、计算、决算书表暨有关的来往文书. 北京：清华大学档案，全宗号 1，目录号 2—1，案卷号 140：3.

[87] 国立清华大学一九三四年度概算、预算、计算、决算书表暨有关的来往文书. 北京：清华大学档案，全宗号 1，目录号 2—1，案卷号 140：4.

[88] 杨舰，刘丹鹤. 中国科学社与清华. 科学，2005，57（5）：44–48.

[89] 团体新闻. 清华周刊，1927，28（2）：103.

[90] 理学会和理学院各系会. 清华周刊，1936，（44）：58–59.

[91] 国立清华大学研究院章程//清华大学校史研究室编. 清华大学史料选编. 第 2 卷下. 北京：清华大学出版社，1991.

[92] 理科研究所算学部//清华大学校史研究室编. 清华大学史料选编. 第 2 卷下. 北京：清华大学出版社，1991.

[93] 理科研究所算学部学程一览//清华大学校史研究室编. 清华大学史料选编. 第 2 卷下. 北京：清华大学出版社，1991.

[94] 赵访熊. 怀念熊庆来先生//清华校友总会编. 清华校友通讯（复 26 册）. 北京：清华大学出版社，1992.

[95] 吴大任. 我的自述//南开大学校长办公室编. 吴大任纪念文集. 天津：南开大学出版社，1998.

[96] 呈教育部文（1935 年 1 月 15 日）//清华大学史料选编. 第 2 卷下. 北京：清华大学出版社，1991.

[97] 呈教育部文（1935 年 7 月 16 日）//清华大学史料选编. 第 2 卷下. 北京：清华大学出版社，1991.

[98] Tung-li Yuan. Bibliography of Chinese Mathematics. Washington, D. C., 1963.

[99] Shiing-Shen Chern. Triads of rectilinear congruences with generators in correspondence. Tôhoku Mathematical Journal, 1935, 40: 179−188.

[100] Shiing-Shen Chern. Associate quadratic complexes of a rectilinear congruence. Tôhoku Mathematical Journal, 1935, 40: 293−316.

[101] 杨乐. 熊庆来//中国科学技术协会编. 中国科学技术专家传略. 理学编数学卷 1. 石家庄：河北教育出版社，1996.

[102] 教育部编. 全国专科以上学校教员研究专题概览. 上海：商务印书馆发行，1937.

陈建功的数学教育艺术和思想

代　钦

代钦，1962年生人，内蒙古师范大学教授，哲学博士，博士生导师，从事数学史、数学教育和数学哲学研究。2002年中国社会科学院研究生院毕业。1996—1997年，获得日本文部省奖学金访学大阪教育大学一年；2001—2002年，应日本国际交流基金聘请访问日本大阪教育大学一年；2004年，任广岛大学客座教授并在校工作一学期。著译有《儒家思想与中国传统数学》(商务印书馆)、《东西数学物语》等8部，在国内外发表论文60余篇。

三年前，我在北京西单图书大厦购得一本骆祖英先生的著作《一代宗师 —— 钝叟：陈建功》，并跟随骆先生那种朗诵散文诗一般的解说，欣赏了我国现代数学的拓荒者和奠基人之一 —— 著名数学家陈建功一生的经历，在无法形容的喜悦中深刻地体会到陈建功超脱的学术境界和高超的教学艺术，我心灵深处感受到一种无法克制的强烈震撼。陈建功和苏步青两位先生创始的“数学讨论班”教学模式形成了浙江大学数学学派。“数学讨论班”教学模式既是一种教学艺术，又是陈建功的数学教育思想的具体凸显。陈建功非常关心中等数学教育，在民国时期自己编写了高中代数学和几何学教科书，在建国初期亦研究中等数学教育，首次较系统地将外国数学教育史介绍到我国，提出了数学教育应遵循的“三大原则”、“数学教育是一种文化形态”之观点和对我国数学教育进行改革的建议，并提倡数学教育应该使学生认清数学发展史。陈建功的“数学讨论班”教学模式、编写教科书的工作和中等数学教育研究，在我国数学教育史上占有重要地位。

数学与人生的统一：一代宗师陈建功

陈建功（1893. 9. 8—1971. 4. 11）是我国著名数学家和数学教育家。他在正交函数、三角级数、函数逼近、单叶函数与共形映照等领域中作出了杰出贡献。他是我国函数论研究的开拓者之一。

陈建功于 1893 年 9 月 8 日诞生于浙江省绍兴县。5 岁时开始附读于邻家私塾。他聪颖好学，几年后就进入绍兴有名的蕺山书院。1909 年又考入绍兴府中学堂。1910 年 17 岁时进入杭州两级师范的高级师范求学。自 1913 年至 1929 年，三次留学日本。1926 年秋，陈建功第三次东渡日本，到东北帝国大学攻读博士学位，师从著名数学家和数学史家藤原松三郎教授，专攻三角级数论。1929 年，他获得理学博士学位，这是在日本获此殊荣的第一个外国学者。正如苏步青教授所说："长期被外国人污蔑为劣等人种的中华民族，竟然出了陈建功这样一个数学家，无怪乎当时举世赞叹与惊奇。"导师藤原先生在祝贺陈建功获得博士学位庆祝会上说："我一生以教书为业，没有多大成就。不过我有一个中国学生，名叫陈建功，这是我一生之最大光荣。"陈建功在日本最具声誉的出版社岩波书店出版了专著《三角级数论》，该书数十年后仍被列为日本基础数学之重要参考文献。1929 年，陈建功婉言谢绝了导师留他在日本工作的美意，毅然回国，并在浙江大学工作，任数学系主任。1931 年，在陈建功建议下校长请来了中国的第二位日本理学博士苏步青，接着又请苏步青担任数学系主任。从此两位教授密切合作积 20 余年，为国家培养了大批人才，形成了浙大学派。1945 年抗战胜利后，赴台湾任台湾大学代理校长兼教务长之职，1946 年又回到浙江大学任教，并在中央研究院数学研究所兼任研究员。1947 年他应邀去美国普林斯顿研究所任研究员，一年后他又回到浙江大学。1952 年院系调整，浙江大学文理学院部分并入复旦大学，陈建功、苏步青等教授都调至上海。1958 年，任杭州大学副校长。

教学与科研的融合："数学讨论班"教学模式

1931 年，陈建功与苏步青一道建立浙江大学"数学讨论班"（Seminar），吸收高年级学生和青年助教参加，并将讨论班定名为"数学研究"，"数学研究"分为甲、乙两类。讨论班的创建是出于以下考虑："要办好数学系，关键的一条是努力提高学生的自学能力和青年教师的独立工作能力，而这种能力的取得，很大程度上取决于严格有效的训练。"[1)]

"数学研究乙"为函数类与微分几何两个专业分头进行。参加研究班的每位成员，必须通过自学精读一本老师指定的新出版的数学专业著作，自行

[1)]骆祖英. 一代宗师 —— 钝叟：陈建功［M］. 北京：科学出版社，2007：34.

消化之后，轮流登台讲解，其余学生和两位教授坐在台下听，并随时向讲演者提问，提问内容涉及书中的相关章节，从基本概念到推理过程，后来人们称之为“读书报告”班。

“数学研究甲”是微分几何与函数论两个专业混合在一起，每位报告人事先必须读懂一篇由老师指定的最新国际杂志上发表的专业前沿的论文，而后逐个报告，当堂由参加者提问讨论，力求每个成员都能学懂弄懂。这个报告的难度显然比“数学研究乙”高，因为报告人不仅要掌握好数学的专业知识，而且还必须具有熟练的外语水平。人们习惯于称它为“论文讨论”班。

作为“数学讨论班”的发起者之一，著名数学家苏步青对“数学讨论班”教学模式给予了高度评价，他在《陈建功文集》序中写到[2)]：

> 陈建功名言：要教好书，必须靠搞科研来提高；反过来，不教书，就培养不出人才，科研也就无法开展。
>
> 1931 年在陈建功先生等人发起和指导下，一个当时称为“数学研究”而现在则称为“小型科学讨论班”的学术活动形式，在杭州创始了。通过它对青年教师和高年级大学生进行严格训练；教师没有通过“数学研究”这门课的就不得升级，学生尽管其他课程都及格而“数学研究”不及格的也不得毕业。无论在艰苦的抗日战争的岁月里，或在解放后“文化大革命”前政治运动频繁的环境中，这个讨论班一直没有间断过。从讨论班的创始到陈先生逝世为止的四十年里，培养出了一大批数学家。

骆祖英先生也非常生动地描述了陈建功的“数学讨论班”的实施情况：

> “数学研究”的实践，不仅丰富了数学教学活动，使呆板枯燥的数学教学变得生机勃勃，而且师生互动、教学相长，充分发挥学生自主精神，极大地调动了学生的学习积极性。“数学研究”采用的方法深受师生的欢迎，不只对那些因准备不够充分而被“赶下”讲台或“罚站”讲台的学生再次重新准备时心悦诚服，不论自己再花多少时间和多大精力都心甘情愿，一定要迎头赶上，顺利过关，同样对于参加讨论的其他人也往往深受启发，增长见识，拓宽视野，吸收教训，进而在对比和参照中，对于自己的专业和外文知识的掌握得以自觉地修正和提升，进步是显而易见的。[3)]

[2)]《陈建功文集》编辑小组. 陈建功文集［M］. 北京：科学出版社，1981：i–ii.

[3)]骆祖英. 一代宗师 —— 钝叟：陈建功［M］. 北京：科学出版社，2007：35.

> 陈建功带研究生，要求十分严格。在坚持“数学研究讨论班”时，建立了每周一次“讨论发布会”的预告制度，由导师向学生介绍国际上的最新研究文献，引导学生分析当前数学研究的新动向和存在的问题，启发学生拨开重重迷雾，寻求研究方向，以便开拓新的研究领域，探索最佳研究思路和解决问题的途径。“讨论班”将浙江大学“数学研究”的精髓发扬光大。在讨论班上，陈建功不仅要求学生报告自己的读书心得，接受师生的质疑与疑问，还经常让学生当场在黑板上板演算相关习题，有的题目很难，做一道题犹如写一篇小论文。[4)]

由上述可知，“数学讨论班”有以下特点和作用：

（1）从参加讨论班的人员组成看，有教授、青年教师、研究生和高年级本科生。

（2）“数学讨论班”具有延续性。一般每周进行一次讨论，直至“文化大革命”开始。

（3）青年教师和学生轮流上讲台演讲，互相交流，共同提高。“数学讨论班”是将教学和科研融为一体的教学模式。这就充分体现了中国传统教育中的“教学相长”的思想。

（4）“数学讨论班”有明确而严格的纪律制度。青年教师和学生在讨论班上的具体表现直接与教师职称的晋升或学生的毕业挂钩。这与今天的片面追求论文篇数来晋升教师职称和只凭考试成绩来评价学生的现象形成了鲜明的对比。

（5）“数学讨论班”教学模式无论是对学生的研究能力的提高还是对导师的科研能力和指导能力的提升都具有重要的现实意义。“数学讨论班”为学生提供一个适宜的训练场所，学生通过“数学讨论班”来发展自己的思想，它帮助学生把想法组织成一种更合适的写作形式。在讨论中学生能够摆脱教师的权威，自己承担起学术研究的责任，这使他们真正感受到自己是学术团体中的一员。因此“数学讨论班”的作用是极大的。“数学讨论班”有利于：

① 学生独立工作能力的提高和合作精神的培养；

② 提高学生提出问题和解决问题的能力；

③ 提高学生的表达能力和交流能力，使学生很好地掌握作学术报告的技巧，使学生有效地树立良好的学术研究态度，养成有条不紊的工作习惯，掌握学术规范性；

④ 提高学生的评价与自我评价能力。

[4)]骆祖英. 一代宗师 —— 钝叟：陈建功［M］. 北京：科学出版社，2007：82.

陈建功的“数学讨论班”教学模式的形成，和他成长的文化环境、在国内外学习研究的经历有着密切关系。可以说，“数学讨论班”教学模式，是中国的传统教育思想和现代西方大学教育思想有机结合的产物。一方面，陈建功自幼接受刻苦钻研、勤勉学习的精神熏陶；另一方面，在日本期间，他接受西方现代大学的教育思想。日本在明治时期就引进德国大学的教学模式。自 1896 年开始，日本著名数学教育家藤泽利喜太郎[5]等在东京帝国大学首次引进了“数学讨论班”教学模式，培养出了林鹤一、高木贞治等著名数学家，奠定了日本数学教育的基础。后来“数学讨论班”教学模式在日本被普遍采用，已成为日本大学教育的传统。

经验与思想的贯通：数学教育“三大原则”

陈建功的数学教育思想，对今天的数学教育有着重要的借鉴作用。1952 年，陈建功在《中国数学杂志》(第一卷第二期）上发表了题为《二十世纪的数学教育》的文章，阐明了自己的数学教育思想。他“以中等学校的数学为核心”，在介绍世界数学教育史的基础上，对 20 世纪数学教育的发展原则及数学教学内容的改革等重要问题，提出了支配数学教育目标、教材和方法的三大原则。即：(1）实用性的原则；(2）论理的原则；(3）心理的原则。同时又提出了“数学教育是一种文化形态”的观点。

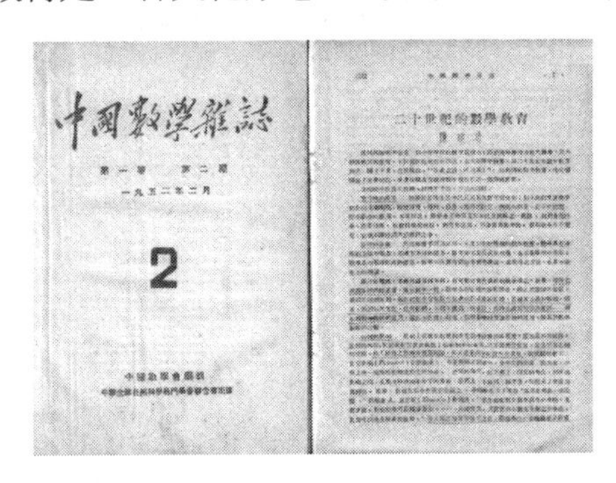
中国数學雜誌

第一卷 第二期

2

二十世紀的數學教育

实用性的原则为：“数学在日常生活中已见其有使用价值 …… 不但如此，数学也是物质支配和社会组织之一武器，对于自然科学、产业技术、社会科学的理解、研究和进展，都是需要数学的。假如数学没有实用，它就不应列入于教科之中。”

论理[6]的原则为：“数学具有特殊的方法和观念，组成有系统的体系 …… 数学不但其内容的事实有价值，其所用之方法，也具有教育上

---

[5]藤泽利喜太郎（Fujisawa Rikitarou，1861—1933），师从德国数学家克罗内克（Leopold Kronecker，1823—1891）和魏尔斯特拉斯。

[6]论理：指逻辑。

的价值”。“推理之成为论理的体系者，限于数学一科。数学具有这样的教育价值，称之为论理的价值，是为论理的原则……忽视数学教育论理性的原则，无异于数学教育的自杀”。

心理的原则为：“教材的内容，对于学生宜富于兴趣；枯燥无味的东西，决不能充作教材……应该站在学生的立场，顺应学生的心理发展去教育学生，才能满足他们的真实感”。不注重心理原则的教材，“是没有教育的价值的”。

上述三原则为有机统一的，是从使用价值向论理方向进行的，“心理性和实用性应该是论理性的向导”，“数学是物质的征服和社会的组织之一武器，同时是一有秩序的论理体系”。陈建功在该文中界定了“数学教育”的概念，他指出“统一了上述三原则，以调和的精神，选择教材，决定教法，实践的过程，称之为数学教育。”[7]

陈建功所讲的“数学教材”就是指数学教科书。他的数学教育中蕴涵着数学知识的逻辑体系、合理的教学方法、学生的心理特征和接受能力、掌握数学知识和思想方法的实践过程，这是一个四位一体的结构。例如，他认为，数学教科书中的知识和学习数学过程中知识被呈现或被学习者掌握的过程截然不同。他指出：

> “教科书是前人对本门学科知识的总结，是融合了许许多多数学家潜心研究的结晶，只是简略了研究过程中经受的挫折和失败，且以最洗练的数学语言予以表达而已。作为教科书和论文的读者，去阅读它们时，必然会发生困难，犹如人们在穿越一座原始森林时，往往会被纵横交叉的小径、河道所迷糊一样，必须认定方向，辨明真假，坚持不懈去攀登、去行进，任何侥幸心理和取巧做法都不是明智的。”[8]

陈建功在这里提出了数学的学术形态和教育形态之观点。所谓学术形态[9]就是教科书中的“融合了许许多多数学家潜心研究的结晶，而只是简略了研究过程中经受的挫折和失败，且以最洗练的数学语言予以表达而已”；学生去学习数学时，必然是要遇到一定的困难，甚至经受挫折和失败，因此，“教材的内容，对于学生宜富于兴趣；枯燥无味的东西，决不能充作教材”。教师

---

[7]陈建功. 二十世纪数学教育［J］. 中国数学杂志，1952，1（2）.

[8]骆祖英. 一代宗师——“钝叟”：陈建功［M］. 北京：科学出版社，2007：36.

[9]关于数学的学术性态和教育形态，张奠宙先生在《关于数学的学术形态和教育形态——谈“火热的思考”与“冰冷的美丽”》一文中提出。（张奠宙. 数学教育经纬［M］. 南京：江苏教育出版社，2003：153）另外，日本著名数学教育家小仓金之助也提出过类似的观点，他把数学分为了两种形态：“作为科学的数学”（纯粹数学）和“作为教育的数学”（实用数学），即数学的学术形态和教育形态。

应该使学生认定方向，再现数学的一些思想方法的过程，引导学生进行火热的思考来学习这些数学知识，这就是把数学的学术形态转变为教育形态。正因为如此，“陈建功在课堂教学中，从不局限于教会学生理解讲课内容为满足，而是向学生展示前人获取有关知识、研究有关问题的曲折进程，领略到从事科学研究的如实场景，感受到进行创新性工作所必备的自信和功底，这对学生的培养是带有根本性的。”[10]

历史与未来之间的洞察：善意性批评与创造性建议

陈建功的数学教育视野非常广阔，他不仅研究数学教育的一般原则，还关注各国数学教育的发展动态。陈建功在提出数学教育“三大原则”的基础上，进而提出了“数学教育是一种文化形态”的重要思想。他说：“数学教育并不是一种幻想，乃是实践。数学教育是在经济的、社会的、政治的制约下的一种文化形态，自然具有历史性。”[11]陈建功以“数学教育是一种文化形态”为视角，考察了 20 世纪以前的意、德、英、法、美、日、俄等七国中学数学教育发展、数学教育基本观点、数学课程设置、教学内容安排、教科书编写等内容和 20 世纪初的数学教育改造运动。他重点介绍了英国的彼利（J. Perry，1850—1920）运动，以克莱因（F. Klein，1849—1925）为代表的德国新主义数学运动和美国穆尔（E. H. Moore，1860—1952）的数学教育改造论及其历史意义。陈建功认为，彼利—克莱因运动真正体现了数学教育的“三大原则”，数学教育改革的“基本精神是在教材教法的近代化、心理化；实行各科的有机的统一；理论和实践的统一。结局在求数学教育基本三原则的彻底统一。”[12]此外，他阐述了日本对我国清末数学教育的影响，并认为，正因为我国数学教育受日本的影响，我国没有受到 20 世纪初的数学教育改革思潮的影响，而与世界潮流背道而驰[13]。

陈建功在对数学教育史的回顾与分析的基础上，对我国中等数学教育提出了尖锐的批评。一方面，他认为中国从清末到新中国成立前，从模仿日本到模仿美国，使用日美教科书，甚至直接使用外文教科书。所使用的教科书的原本，往往在其本国早已停止使用。“因此，数学教育，不但成绩不良，且其目的也不明了。学生视数学如敌，成了中等教育上一个大

[10]骆祖英. 一代宗师 ——“钝叟”：陈建功［M］. 北京：科学出版社，2007：37.

[11]陈建功. 二十世纪数学教育［J］. 中国数学杂志，1952，1（2）.

[12]陈建功. 二十世纪数学教育［J］. 中国数学杂志，1952，1（2）.

[13]20 世纪初，欧洲从其传统数学教育转向现代数学教育，正在掀起 J. Perry—F. Klein 运动之际，中国通过日本学习了欧洲的传统数学教育，这一状况一直延续到 1922 年。陈建功是从这个意义上说的。

问题。”[14]另一方面，对 1950 年 6 月颁布的《数学精简纲要（草案）》[15]提出了批评：（1）（乙）项含有分科主义的精神，有悖于世界数学教育改革的发展趋势。该项规定太呆板，失去了进步的倾向。（2）第（三）项的规定是暂时性的，课程内容只不过是美国教科书的简化而已，没有体现精简精神。陈建功对《数学精简纲要（草案）》提出批评后，阐发自己建设性的改革意见：（1）精简没有实际意义的有些繁难的代数计算；（2）合理处理直观几何和论证几何的关系；（3）安排简易的微分积分内容；（4）添加社会经济方面的数学；（5）以函数观念做数学教育的核心，就是要数学和人生保持密切的联系；（6）教授数学史，…… 宜随处插入，不必设专科。

理论与实践的结合：陈建功氏数学教科书

陈建功的数学教育思想、数学教育史和数学史的认识是较系统而深刻的。虽然他的《二十世纪数学教育》发表于 1952 年，但实际上他的数学教育思想和精神早在 20 世纪 30 年代已经形成，并付诸了实践，他积极投入中等数学教育工作，编写了教科书《高中代数学》（1933 年初版，开明书店，与毛路真合作）、《高中几何学》（1935 年初版，开明书店，与郦福绵合作），这些教科书被广泛使用，并产生积极影响。

《高中代数学》和《高中几何学》内容构成分别如下：

《高中代数学》目录：

第一章代数式之基本演算；第二章一次方程式；第三章因数分解；第四章分数式；第五章根数及复素数；第六章二次方程式；第七章比及比例；第八章特种数列；第九章顺列及组合；第十章

---

[14]陈建功. 二十世纪数学教育［J］. 中国数学杂志，1952，1（2）：17.

[15]总的精简原则：（甲）精简的目的在求教学切实有效，而不是降低学生程度；（乙）删除不必要的或重复的教材，但仍需保持各科科学的系统性完整性；（丙）六三三制，暂不变更。关于教材的精简原则是：（一）要与实际结合。要与理化学习结合，要与经济建设的科学知识结合。（二）太抽象的教材宜精简或删。（三）数学课程仍规定为算术、代数、…… 解析几何。

二项式定理及多项式定理；第十一章对数；第十二章不等式；第十三章无限级数；第十四章连分数；第十五章一次方程式之整数解；第十六章数论；第十七章或然率；第十八章行列式；第十九章方程式论；附录。

《高中几何学》目录：

绪论

平面几何学

第一章几何图形；第二章角；第三章三角形；第四章垂线与平行线；第五章直线形之角；第六章平行四边形；第七章对称；第八章轨迹；第九章圆弧及弦；第十章相交及相切；第十一章弓形角；第十二章圆之内接图形及外切图形；第十三章直线图形之作图；第十四章切线及圆之作图；第十五章线分之比与比例；第十六章多角形之面积；第十七章圆幂；第十八章多角形之相似；第十九章位似图形；第二十章三角形中各量之关系；第二十一章关于比例之作图；第二十二章关于面积之作图；第二十三章正多角形；第二十四章圆周及圆面积；附录比与比例之基础性质。

立体几何学

第二十五章直线与平面；第二十六章二面角；第二十七章多面角；第二十八章多面体；第二十九章角柱；第三十章角锥；第三十一章柱；第三十二章锥；第三十三章球；第三十四章球面多角形；第三十五章球之面积与体积。

在清末民国时期，我国使用的中学数学教科书多为翻译本、原版书或改编国外教科书，这些教科书不同程度地存在内容冗繁、陈旧等问题。陈建功、吴在渊和胡敦复等数学家以长远之计，编写了适合国人使用的教科书。陈建功编写的高中数学教科书尽力考量了内容的简洁性和逻辑性、结构的合理性、国人的接受性、初高中内容的衔接性等方面。这里不打算多加评论，读者可以从上述教科书目录以及下述“编辑大意”部分内容就自然了解其大概。正如徐荣中、孙炳章等在《陈建功氏高中代数题解》序中评价《高中代数学》所说：“陈建功博士自东京归国，主讲浙大有年，以其余力，编成是书。条目不紊，选材唯精。洵高中善本也。”[16)]

《高中代数学》“编辑大意”中说：

[16)]徐荣中，孙炳章，等. 陈建功氏高中代数题解［M］. 成都：国风书局，1946.

> 高级中学学生，虽曾习代数学之初步，而于代数学之基础智识，多为巩固，故本书不嫌重复，发端于代数式之基本运算，循序渐进，引入堂奥，庶几教者学者皆得其便。
>
> 本书第十六章数论为课程标准所未列，教师尽可依时间之充足与否斟酌取舍。
>
> 本书修改数次，务求理论严密，说明简洁，习题得其要领，然缺点或不能免，切望海内君子，进而指示之。

《高中几何学》“编辑大意”中说：

> 高级中学学生，虽曾习平面几何学，而于几何学之基础智识，往往未能巩固，本书不嫌重复，仍从基本公理，定义，定理等发端，循序渐进，以求深入，使教学者两得其便。
>
> 本书卷首绪论，略述几何学原理及定理之证法，使学者对几何学先得一明确之概念。
>
> 本书术语西文原名不一一散附，卷末附列几何学名词中西对照表，以便检查，且为学生涉猎西文原书之准备。
>
> 本书说理力求简洁，证法前后保持一律，俾学者易得要领。
>
> 本书每章之末，附有习题多则，俾学者得随时练习。

理想与现实之间的困惑：没有应答的追问

陈建功的数学教育思想极其丰富而深刻，这里不可能全面展现。在本文的结尾之际，不禁沉浸在无法克制的沉思中。其一，让我想起古老的阿拉伯谚语：“与其说人如其父，不如说人酷似其时代”。陈建功生活的年代，特别是“文革”以前，无论是赫赫有名的专家还是名不见经传的学者，他们都脚踏实地地做学问。由于专业的关系，笔者用十余年时间几乎翻遍了在清末民国时期杂志上刊登的与数学教育研究有关的文章，迄今为止几乎没有发现雷同的文章，这就说明那个年代的学术气象纯正，没有被污染。而今，不用吹灰之力就可以找到多如牛毛的如出一辙的所谓“科研成果”，实在是令人毛骨悚然，其根源究竟何在？其二，民国时期，陈建功、吴在渊、胡敦复和傅种孙等著名数学家编写中学数学教科书，不乏其人，而今几乎见不到大数学家编写的中小学数学教科书。这究竟是为什么呢？但相比之下，我们邻邦日本国，经常见到小平邦彦、弥永昌吉、广中平佑和藤田宏等数学家编写的教科书和关于数学教育的鸿篇大论，这又是为什么呢？

参考文献

[1] 骆祖英. 一代宗师 ——“钝叟”：陈建功［M］. 北京：科学出版社，2007.

[2] 程民德. 中国现代数学家传. 第二卷［M］. 南京：江苏教育出版社，1995.

[3] 陈建功. 二十世纪数学教育［J］. 中国数学杂志，1952，1（2）.

[4] R · Beard、J · Hartley. 大学の教授 · 学習法［M］. 东京：玉川大学出版部，1986.

[5] 卡尔 · 雅斯贝尔斯. 大学之理念［M］. 邱立波，译. 上海：上海世纪出版集团，2007.

[6] 李润泉，陈宏伯，等. 中小学数学教材五十年（1950~2000）［M］. 北京：人民教育出版社，2008.

[7] 魏群，张月仙. 中国中学数学课程教材演变史料［M］. 北京：人民教育出版社，1996.

昔日辉煌

诗罢春风荣草木　书成快剑缚蛟龙

——试谈华罗庚先生的数学教育

颜基义

在我提笔写这篇文章的时候，正是华罗庚先生诞辰 100 周年的日子。对于这位数学巨匠的众多贡献，心里有许多话语要说。其中感触最深的，乃是他在给我们面对面的教学中所展露的数学才华和高尚的品格情操。

华罗庚先生于 1958 年在刚刚开办的中国科学技术大学为“应用数学专业”的学生亲自讲授“高等数学引论”，而且这一讲就讲了长长三年，在北京玉泉路中国科学技术大学校园里形成了一股强大的数学教育“气场”，对后人影响久远。

执笔写大师，学海拾真贝。在这里，我试图从一个学生的角度，从一个小小的侧面，论述华罗庚先生的数学教育，以此当做对华罗庚先生的纪念。

德国哲学家费特（Johann Gottlieb Fichte，1762—1814）说：“教育必须培育人的自我决定能力，不是首先要去传授知识和技能，而要去‘唤醒’学生的力量。”让我们看看，华先生是如何去“‘唤醒’学生力量”的？

让高等数学从原原本本的“数”开始

1962 年当《高等数学引论》（以下简称《引论》）第一分册出版的时候，华罗庚先生在序言中说：“**读者可能发现一些其他书上所没有的材料，也可能发现一些稍有不同的处理方法，**……”在这一分册中涉及的微积分基本问题，经过二百多年的发展，已经非常成熟了。然而，华先生并不是简单地把这些材料拿来就用，沿袭大多数人使用的方法和路径去给学生讲授。

我们都知道，微积分是围绕函数这个中心逐步展开的。正因此，众多的教科书都是首先从函数入手的，讲常量和变量，讲各种常见基本函数。然后再讲极限，讲导数，……，继而一步步深入展开到相关领域。当时，学校图书馆里的参考教科书大都是从苏联教材翻译过来的。在这些书里，几乎都是这样处理的。倘若说有什么不同，也只是重点上的差异，详略上的差异。

从学科内容上来说，这固然有它的道理，但是从教育上来说，并不符合学生的认识规律，很难具有“‘唤醒’学生的力量”。

华先生在《引论》里，是从我们这些学生已很熟悉的有理数开始的。当华先生从“任意两个有理数之间有一个有理数存在”这样的简单命题，立即引申到“任意两个有理数之间有无穷个有理数存在”，引申到无理数 $\sqrt{2}$，引申到实数，再引申到用无穷小数来表达实数（华先生既没有用 Dedekind 分割来定义实数，也没有用公理化方式来定义实数，这样做会与我们高中的知识脱节，一下子难于理解）。从而在此基础上，借助于“数贯”的概念，十分自然地引入“极限”的初步概念。

在此之后华先生才进一步用“抽屉原理”证明了实数对于极限运算的“自封性”，即证明 Bolzano-Weierstrass 定理。

从有理数到极限这样一个过程，非常简洁，提升的跨度却很大，但是并没有让我们感到艰涩；相反，却让我们感到很真实，很好理解，过程流畅，如同行云流水一般，让我们在不经意间就有半只脚踏进了高等数学的门槛。

在高等数学里，“极限”这个概念无疑是举足轻重的，然而也是很“自然”的，只是后来出于数学严密性的要求，才弄得有点“别扭”、很不“自然”的样子。如果一开始就从这样的“别扭”定义出发，为了把握其中的要领和真谛，我们的磨炼和付出就要大得许多。

值得提出的是，华先生在《引论》的第一章中还进一步讲解了复数、四元数、二进位数计算、三四次方程的解法，并在第二章讲解了“矢量代数”，以及球面三角等相关内容。这些内容是我们高中时学过的知识的进一步扩充，这不仅给我们有机会复习和总结已知的知识，更是让我们能以更高的视角上去对待它们。正如华先生自己在《引论》所说的那样：把“**一些高的内容放低了，难的内容改易了，繁的内容化简了**。”在这里，一个“低”字，一个“易”字和一个“简”字，看似容易，不费工夫。其实这当中的“放”字、“改”字和“化”字之中，不知融进了华先生多少的良苦用心啊！他在课堂上常常对我们说：“深入浅出是真功夫啊！”这门课程及其教材就是华先生“真功夫”的一个精彩展现。

有了这样的铺垫之后，后来当我们进入用“$\varepsilon-\delta$”语言来处理一系列涉及极限这类无穷演进的种种问题的时候，就不再感到那样茫然了。当时有一件涉及社会背景的事不能不提，那就是在华先生开讲《引论》不久，1958 年后半年，社会上开展了所谓“教育大辩论”。在这场影响颇大的运动中，许多大学纷纷批判“$\varepsilon-\delta$”语言，将之驱逐出课堂。与社会上这种现象相反，中国科学技术大学应用数学系在华先生的主持下却没受到什么影响，严谨的数学推演照样在课堂上进行，这是我们深感万幸的。

在 20 年后，我在教学中遇到来自学生的特殊需求。那是 1978 年，作为中国的第一所研究生院——中国科学技术大学研究生院（当今中国科学院研究生院的前身）从全国各地招收了改革开放后第一批研究生，其中有一批非数学专业的研究生急需补充基本的数学知识。当时我反复阅读华先生送给我的这本《引论》，按照《引论》的思想和处理方式，把单变量微积分、多变量微积分以及相关随机数学等主要内容贯连起来，浓缩为 30 个学时的讲授，颇受学生们的欢迎。因此，我后来说，华先生这门课于我是“受用贯吾生”，那是千真万确的。

正可谓：奔来源水翻新意，流去清泉至远途。

借庄子之“锤”敲开“无穷”神秘之门

“无穷”是高等数学的一个“拦路虎”。对于初学者来说，它很有点像手拿板斧的李鬼，立在通往山上的路上，这样吆喝着：“此树是我栽，此山是我开，不留买路钱，休想走进来。”

在这条通往数学高处的路上，华先生首先交给我们的是一个“锤子”，一个一尺长的锤子。他在处理第一个“极限”概念的时候，他说：“**我国古代早就有了这一概念的萌芽，‘一尺之捶，日取其半，万世不竭’就是极限的看法。**”

这句话出自《庄子 · 天下篇》。我国这位古代伟大哲学家和其他古代文明古国（如希腊等）的伟大哲学家一样，应该说也同时是位了不起的数学家。这短短十二个字，包容了多少闪光的理念！

在我们当时原有的理念中，无论“数”也好，“量”也好，基本上都是一种“静态”的概念。而要把握好无穷，最好的途径就是从“动态”上去把握它。庄子说的“日取其半”，一个“取”就是活生生的“动态”写照。不仅如此，这个“取”又与“日”联系在一起，与日并进，没完没了，以至无穷。

庄子的结语落在“万世不竭”上，好一个“不竭”！因为它告诉我们，庄子的“尺捶”已不是具体的“锤子”了，已超越“物化”成为了抽象度量长度。

华先生把这部分内容放在前面提到的“有理数”、“无理数”和“实数”之后，那时我们的脑子已经让“任何两个有理数之间有无穷多有理数”这样的命题“撑大”了许多，不会对“万世不竭”感到大惊小怪，并很自然地与后来的“无穷小”联系在一起了。

当然，我们后来知道微积分形成过程中，“无穷小量”曾引起人们的怀疑和争论，更有甚者，如大主教 George Berkeley 称“无穷小”为“鬼魂”。其实这些只不过反映了，人类对自己心智能力的肯定是需要一个演进过程的。然而，像庄子那样的“大智若拙”，倒简洁地指明了事物的真谛所在。华先生就像阿基米德那样，巧妙地把庄子的“锤子”当杠杆，为我们这些初入数学世界之徒，撬起了一片灿烂的数学天空。

庄子还说：“至大无外，谓之大一；至小无内，谓之小一”。“小一”不就是我们说的“无穷小”吗！“大一”不就是我们说的无穷集的“最大势”吗！无独有偶，比庄子早 100 多年的古希腊哲学家 Anaxagoras 也曾讲过类似的断语：“在小的当中没有最小的，在大的当中没有最大的；但是总有某个东西最小，也总有某个东西最大。”世界的大智慧就是这样“殊途同归”的。这让我想起充满哲理的诗句：“上山千条路，共揽一天月。”

当然，仅仅从一般的“动态”去探索无穷，还是远远不够的，还必须以特殊的、具体的动态路径来触摸无穷。华先生所设计的众多具体路径中，以“连分数”最引人瞩目，也最为精彩。

华先生仍以 $\sqrt{2}$ 为例，令其分数部分 $\xi=\sqrt{2}-1$，容易建立关系式

$$\xi=\frac{1}{2+\xi}。$$

着眼于上式右边的分式 $\dfrac{1}{2+\xi}$，让分母的 ξ 取值从 0 开始，取得近似值 $\dfrac{1}{2}$；再让 ξ 取值 $\dfrac{1}{2}$，并得到另一近似值 $\dfrac{2}{5}$；$\cdots\cdots$ 这样一步步地往下试探，按照一“盈”一“亏”的近似方式来求取 ξ 更好的近似值。这个过程可以无限地延伸下去，从而导致一个包含“无限次运算”的过程。当初的我们，对这个过程看起来平凡得不能再平凡，推理也简单得不能再简单，根本看不出其中的奥妙。后来我们才明白，原来是华先生借助于这种方法来导出连分数，从而让我们领略“无穷表达式”的特殊功效，以及“无穷表达式”在数学分析中具有的极为重要地位。

在此之前，我们熟悉的是算术和有限次的代数运算，而上述连分数最本质的地方在于，它把运算过程无穷化了。也就是说，通过无穷次的演算或计算，而导出一个 ξ 的无穷表达式。一旦我们掌控了这个无穷表达式，那个虚无缥缈的量 ξ，就变得那么具体（一个个逼近的分数），甚至那么“可爱”（逼近的程度令人惊讶！）。华先生给我们带来的这种不知不觉的“跨越”，给我们带来的激励是难于言状的。

尤其是华先生用近似分数来给我们解释历法中“为什么四年一闰，每隔四年添一天？为什么第一百年又少闰一天？”诸如此类问题时，更令我们惊喜不已。

有了连分数的无穷表达式“垫底”，往后见到形形色色的各类无穷表达式时，我们都会好好想想，这种把“量”或“函数”还原为“数”的过程，是

不是只是形式上的？可行不可行？什么时候可行？…… 对于我们把握新问题的本质，其功效可谓大矣！

正可谓：先生闲步开幽径，学子拾贝看海云。

让"算法"秉性在古今数学中飞扬

华先生对中国古代数学具有精深的认知和了解。以"算"为主的中国传统数学具有浓厚的"算法"秉性，而"算法"的重要性，在华先生的教学中已表现得非常突出。

正如上面提到的用连分数来求 $\sqrt{2}$ 的分数部分的近似值，华先生明确地给我们指出，这就是非常重要的"迭代法"。这种不断用变量的旧值递推新值的过程，可以很容易地交由计算机去完成。华先生在讲课中还告诉我们，在实际中这个过程也不能没完没了地运行下去，控制这个过程的因素是由误差来决定。正因此，华先生在讲微积分正题之前，还专门给我们讲授了二进制计算、误差理论、Lagrange 插入公式、Newton 插入公式等。

华先生设计的这样的知识结构，让我们较早地就能把经典的微积分知识与现代的计算方法紧密地联系在一起。当今世界，多少"高科技"，诸如 Google、百度、手机信号定位和传输等，有哪些能够离得开"算法"呢？华先生给我们讲授的这些"迭代法"，正是"算法（Algorithm）"的前身，或者说是算法的简单形式。因为，从根本上来说，算法就是一系列解决问题的清晰指令，一种用系统的方法描述解决问题的策略机制。

我们系原先全名是"应用数学与计算机技术系"，也就是说，华先生当初的构思是把数学和计算机，至少是计算机科学放在一起的。联想到华先生在教学中着意在"算法"上下工夫，这足可见华先生在这方面的远见卓识。

我们知道，克雷数学研究所（Clay Mathematics Institute）在 2000 年 5 月 24 日公布了千禧年大奖难题。在这些考验人类智力的七大难题中，就包括"$\mathrm{P}=\mathrm{NP}$?"这样一个用算法来划分问题属性的认识问题。通俗地说，如今我们面临一大堆这样很有意义的问题，但是它们"好验证，却不容易算出结果来"，它们往往可以"容易"地通过算法把一个问题归结为另一个问题。这些问题来自各种领域，数以千计，十分重要。其中很大一部分来自组合优化，如旅行售货员问题、顶点覆盖问题，等等。那么对于这类问题，可能不可能找出算法来，使之能"容易"地求出其结果来呢？几个月前，网上流传说，惠普实验室的研究人员已给出否定性的证明，即 $\mathrm{P}\neq\mathrm{NP}$。这些事实说明，关于算法在科技世界中的"地位"，已经大大超越了"给出适当结果"这样的功能，上升到挑战人类智力的认知水准。

每当我在触及这类问题的时候，就不免想到华先生在讲课中，在接触中经常给我们提到的一些中国古代数学问题，例如中国剩余定理（韩信点兵问题）等，它们大都带有“好验证，却不容易算出结果来”的属性，将这些问题与 NP 问题相比，怎不令人产生跨越时空的感叹!

在我国像华罗庚先生、吴文俊先生这样一批数学家当中，认准中国古代数学这种精华的广阔前景，不仅身体力行，探索不止，而且谆谆授予学子，乃中华民族之幸也!

正可谓：算术算法通幽处，电脑美调唱奇歌。

从“粒豆”情怀到搭建“通天塔”

同时一粒豆，两种前途在。
阴湿覆盖中，养成豆芽菜。
娇嫩盘中珍，聊供朵颐快。
如或落大地，雨润日光晒。
开花结豆荚，流传代复代。
春播一斛种，秋收千百袋。

用数学的话来说，华先生用诗歌给我们演化“一斛”出“千袋”这种特殊的“变换”。华先生所抒发的这种情怀，充分体现了古语所说的“夫仁者，已欲立而立人，已欲达而达人”那种境界。

回想起，华先生在讲课中频频地将自已做学问体会传授给我们，并概括为一句句金玉良言，给我们指点迷津，照亮漫漫学涯征途。例如华先生的“读书要从薄读到厚，再从厚读到薄”以及“深入浅出是真功夫”这两句，对我来说受用最深，一直在指点着我的教育生涯。

回想起，华先生还在我们 5811 班开创性地办起以学生为主的研讨班，身传口授，平等讨论。一旦看到学生们有了明显长进，就兴高采烈，甚至奔走相告。

回想起，华先生给胡耀邦同志写信，表达他对以身搭建中国“通天塔”（Tower of Babel）的意愿和理想。

……

这是一种什么精神？这是何等境界？

这是一种“已欲立而立人，已欲达而达人”崇高的育人境界。

古人曰：“仁且智，则为圣。”而华先生在“仁”和“智”上都达到了一个不同寻常的崇高境界；二者合起来，岂不就是古语所说的神圣境界!

正可谓：仁智一生“通天塔”，欲换桃花瓣瓣红。

结语

华先生不仅是一位了不起的数学家，同时也是一位了不起的诗人，更是一位了不起的教育家。在写这篇文章的过程中，我偶然读到北宋时期的大文人黄庭坚为自己的书斋所自撰的对联：诗罢春风荣草木，书成快剑斩蛟龙。

这两句用在华先生身上是多么适合啊！这里面，既讲到了文采的“诗罢”，又讲到了“荣草木”的育人“春风”；既讲到了做学问的“书成”和“快剑”，更讲到了力克一个个难题的“斩蛟龙”。于是，我就借用黄庭坚的这幅佳联，当做这篇文章的标题，只是用“缚”字取代了原楹联里的“斩”字。

这两句楹联，兴许能让我们张开思绪的翅膀，飞到远远的高处，去触摸和感受华先生那“多维度”的伟大人格！

20 世纪 60 年代的加州大学伯克利分校

——回忆陈省身教授及伯克利的几何组

Robert E. Greene

译者：张思文

我很高兴接受丘成桐的建议。他建议我写一些我在加州大学伯克利分校读研究生的记忆，尤其是与陈教授有关的记忆，即便在私下，我们都是这样子称呼陈省身教授的。(其他人仅仅被简称为他们的姓氏，如果是很熟悉的人则直接称呼名字。但是陈教授通常被称为陈省身教授，如标题那样。) 对我而言，那些年发生了很多重要的事情，但我几乎不会重述我个人生活和绝大多数我个人的数学进展。尽管如此，为了方便读者了解背景，在开头，我需要讲一讲我是如何来到伯克利分校的。

在 1964 年秋季，我在密歇根州的普林斯顿大学完成了本科的学习，开始了研究生学习。但是，1964 年夏季，我住在加利福尼亚旧金山湾区，准确地讲是在海沃市，同时，我作为暑期学生员工在利弗莫尔市的劳伦斯放射实验室工作。(我曾经游历过一些国家实验室，那年夏天之前，曾经在阿尔贡国家实验室和橡树岭国家实验室工作过。) 然后，我爱上了加利福尼亚。另外，当我本科毕业时，我想研究代数拓扑，沉迷于它更基本的形式中。当我意识到代数拓扑在它的更高级形式，更多是代数学，而非拓扑学，我的兴趣转移到几何学。(我过去不是，现在也不是一个天生的代数学家，在思考时，我更倾向于构图绘画而非形式推导。) 当时，普林斯顿在代数拓扑领域非常优秀，但是只有极其少的几何学。

不仅从个人理由，而且从数学学习的理由，转去加州大学伯克利分校都是自然而然的事情。我有一个可转移的美国科学基金会的研究生奖学金，伯克利分校有义务接受我的转学申请。在过去，我这种情况比现在常见。所以，在 1965 年，我将全部个人物品装进一辆 1955 年生产的奥尔兹莫比尔牌汽车，就像许多东部人所作的那样，向着加利福尼亚这片乐土出发了 —— 此后，我一直住在那里，除了在柯朗研究所做博士后的那两年。

这被证明是一个明智的选择。但是从更广阔历史的视角来看，1965 年早期的加州大学伯克利分校正陷于政治的混乱中，对我而言，却是来到了微分几何的世界，这个世界超出几何学研究生所能期待的一切。很少有可能出现在如此关键的时刻或地方，它提供了最重要的机会，在几何学活跃的时期创造了一切。

因为我是在那一年中间到达的，事情发展缓慢。尽管如此，我的第一个学期，1964—1965 学年第二学期是最让人满意的。我参加了代数拓扑的下半学年的课程，跟随杰罗姆 · 列文学习了谱序列，并且跟随阿尔弗雷德 · 格雷上了一门令人着迷的基础流形理论课程。（我已经了解这个科目，不仅仅从格雷独特的视角，我也自学了很多。）我曾有幸听过莱斯特 · 杜宾讲授的测度论，一门优秀的课程，又一次涵盖了我本科学习过的知识，但又是从一个真正独特的视角。（在第一天，杜宾声称他无意讲授测度论，因为任何人都可以从一本相关的书上学到。因此，他很快就开始讨论巴拿赫 – 塔克斯悖论，随后综合讲授局部紧群。）但是，就像所有对几何学感兴趣的研究生一样，我迫切地渴望与陈教授学习的机会。

下一个学期，机会来了，陈教授要讲一门几何课程，当然，教室里挤满了人。几乎没有空间能坐下来。学生高度兴奋。不论政治化的伯克利外的人们是什么态度（“不要相信任何一个超过三十岁的人”，“入学，苦学，然后辍学”），我们恰恰相反，极其渴望坐在大师脚边充分获益，这位大师是最伟大的大师之一。

这段经历是令人惊奇的。经过一些铺垫，陈省身开始讲授他自己在示性类上的工作。他内心谦逊，例如，他经常将陈氏示性类称为“所谓的陈氏示性类”。但同时，这段经历是让人赞叹的，因为他每天来上课，都在黑板上写满长长的微分计算，而这些微分需要微分形式的变换。他从来不带任何笔记，从来不停顿去思考任何难以捉摸的结论，从来不犯错误。整个课堂展开得如此美妙流畅，就好像我们在阅读一本编写完美的书。

后来，一个非常有勇气的学生在课后问陈教授，他是如何做到这些的。他平静地答道，事实上，他开始发展这个主题时就没有写下任何东西。他说，就好像他头脑里有一块黑板，相关的知识就写在那上面并永远存在。这样说是如此的文雅，没有让人感到一点不谦虚，这仅仅是对于他那无法效仿的教学风格的一个简单介绍。然后，他用稍感遗憾的口吻说：“如今，当我在思考一些新东西时，有时不得不使用铅笔和白纸。”

这件事情让学生震惊，而这样说有些轻描淡写。在这不久之后的某天，我问吴教授（H. H. Wu，随后我跟随他完成了博士论文），在微分几何的研究中是否需要这样的计算能力，同时，我表示如果真需要这样的计算能力，那么我应该转去其他方向。他轻声笑着表示“如果一个人必须像陈教授那样才能成为一个微分几何学家，那么几乎没有人能成为微分几何学家”，同时他向我保证那种计算能力不是必需的。

那时，在 1965–1966 学年，我与威尔弗里德 · 施密德（Wilfried Schmid）和其他领域的研究生住在一间公寓，我们一共有五个人，都在寻找论文导师。威尔弗里德向我描述他是如何寻找论文导师的，他决定向每一个在伯克利研究复流形的人询问他们是如何看待复射影空间的曲率，尤其是怎样才能最好地计算全纯截面曲率。对于相对基础物质的前提假设的最自然优雅的方法，所有人都有不同的观点。威尔弗里德最赞成菲利普 · 格里菲斯（Phillip Griffith）的方法，并决定请菲利普作为他的导师，结果如他所愿。

虽然，我赞同陈教授关于复流形的思想，那时，他有相当多的学生——八个，据我回忆——我对于要在如此多人的团体中维护自己，甚至仅仅是要求加入感到羞怯，没有自信。而我同样认同，也许甚至更赞成吴教授处理复流形的方法。特别地，吴教授对于施密德的复射影问题的答复是最让我心悦诚服的一个答案（全纯标准坐标）。我推断吴教授和我将在数学中取得一致，这一点事后被证明是正确的。20 世纪 60 — 70 年代，我俩一起写了一系列的论文，到 80 年代我们成为好朋友，从那时到现在，不论是私人交往，还是数学研究，我们都是好朋友。

虽然，我不是陈教授的博士生，我，像任何学习几何学的人，不仅仅在伯克利，而且在世界各地，都受到了他的影响与指引。伯克利的整个几何学围绕在他的周边。令人激动的一部分是，似乎每个人都到伯克利展示他们的结论，不论这些结论与陈教授个人明确的研究兴趣是否相关。据我回忆是这样子的。德立夫 · 格罗莫尔（Detlef Gromoll）作为米勒（Miller）的一名同事来到伯克利分校（1966 年），向我们介绍他解决球体微分 Pinching 问题的方法。值得引人注意的是，尽管格罗莫尔的专业方向是某种测地几何，不论那时还是现在，都与陈教授自己的兴趣相差很远，对于格罗莫尔，就像其他几何学家，来到伯克利也是自然而然的。陈教授创造了这样一个环境，各种几何学在各个方向都能蓬勃发展。

与陈教授有了多方面的接触后，我发现一个令人惊奇的地方，陈教授有非同寻常的感觉，他能感知到数学领域中接下来会出现什么，数学将向何方发展。例如，这个思想可以追溯到庞加莱（Poincaré），实解析超曲面中局部全纯微分同胚映射的参数的个数取决于给定的阶数，而这些参数的个数比超曲面本身参数个数要小，因此，不是所有的（严格伪凸）超曲面可以局部双全纯等价。但是这个观测法要求在费弗曼（Fefferman）的结果上添加额外的特征，他的结论是一个严格伪凸区域到另外一个的双全纯映射可以光滑地延拓到边界上。费弗曼的结论发表于 1974 年，几乎与陈省身和莫泽关于双全纯边界不变的工作是同时的。这种对历史的期待，就像过去的情况，似乎是不可思议的。如果没有费弗曼的结论，陈 – 莫泽理论在复分析中的重要性就要欠缺一些。

卢瑟福（Rutherford）被问道为什么他总在核物理的前沿时，他答道："哦，我引起了浪潮，不是吗?" 陈教授从来不会如此不谦虚地去说这样子的话。然而，这种对比会在不经意间进入你的脑海。陈教授不仅仅是伟大的领导者，而且他看待问题的角度也是如此令人惊奇。

返回到个人层面，1969 年，我离开加州大学伯克利分校来到柯朗研究所，成为一名博士后。那时，吴教授和我定期在一起工作，由于吴教授和他经常一起谈论我们的工作，所以在一次搬家后，我与陈教授有了密切的接触。陈教授对吴教授和我一同研究的正曲率有孔表面的刚度系数非常感兴趣。他在为 1974 年版大不列颠百科全书撰写的微分几何综述中，善意地提到了这件事情。这极大提高了我青年时期的信心。（我九岁的侄女评论道，这没有什么了不起，因为我还没有个人专栏。她的话让我保持清醒。）

结束了在柯朗研究所的两年工作，我成为加州大学洛杉矶分校的教员，因此有机会经常访问伯克利分校，尤其是自从吴教授和我继续我们的合作。因此，我再一次与陈教授有了更直接的接触。伯克利分校的几何学研究依然广泛。大量的访问者表示，对于几何学家而言，"条条大路通向伯克利"。

我还记得米哈伊尔 · 格罗莫夫（Mikhail Gromov）的到来，他刚离开苏联，在美国首次公开露面。格罗莫夫做了一场精彩而令人激动的演讲，但是它不够透彻。在演讲的结尾，黑板上写有一个单独的符号，一个大写的 V（对于流形而言，是法国风格 [variete]）。陈教授站起来——在这种场合下，他是主持人——在热烈的掌声和感谢格罗莫夫精彩的演讲后，带着主持人的机敏和亲切，他说道："您能为我们简单地写一个定理吗?"

陈教授也曾亲切地提到我自己在几何学方面的工作，那些工作格罗莫夫也是完全赞同的。这整件事情充分地证明陈教授的文雅，他能用它引领并鼓励年轻的学者，就像他经常做的那样。

1969 年秋季，当我仍在柯朗研究所时，另一位数学家来到伯克利分校，不是作为访问者，而是作为一名新入学的研究生。伯克利分校有很多研究生，新生通常不这么引人注目。但是丘成桐是个例外。我希望吴教授和丘教授都不要在意，我将引用一封信，这封信是丘成桐作为新生报到后不久，吴教授写给在纽约的我。吴教授写到"一位来自中国的年轻人到达了，我相信他将改变微分几何的面貌"。

几乎没有预言比这个更有远见了。我当时很吃惊，但是吴教授非凡的话语变成了质朴的事实。仅仅六年之后，1976 年秋季，丘成桐访问加州大学洛杉矶分校时，我俩的办公室紧挨着。一天，在我们办公室附近的走廊里，他碰见我，说："我完成了卡拉比猜想的证明。你想看一下吗?"我依然使用着那间办公室，当我早晨来工作时，时常回忆起这一幕，它可以作为数学的一块里程碑，在此地，几何学的整体方向改变了，并且数学一系列的可能性被展现出来。(如果加利福尼亚在德国，那么，这里将有一块纪念碑或者可能一个雕像!)

几何学的新时代已经来临。然而，有人依然认为是陈教授的时代。毕竟，卡拉比猜想是有关陈氏类的。数学家世代交替，但是，伟大的数学是永恒的。

(北京师范大学数学科学学院　张思文译，李建华校)

这张照片由本文作者 Robert E. Greene 教授提供，是作者在普林斯顿大学数学系读书时，大学交响乐团于 1952 年前后的演出照，Calabi 是其中的一位小提琴手

我为什么喜欢陈和陈类

F. Hirzebruch

译者：张希营

1945 年 12 月，我开始了我在明斯特大学的研究，当时我只有 18 岁。在 1948 年暑假期间，我获得一个远赴瑞士的为期 4 周的签证，前三周是在一个农场做重活，第四周可自由安排。我是因我的导师海因里希 · 贝恩克（Heinrich Behnke）写给苏黎世理工学院的一名教授海因茨 · 霍普夫（Heinz Hopf）的一封推荐信而被选入该项目的 [1]。霍普夫邀请我到他家和他以及他的妻子一起度过第四周，可以说，这是充满数学讨论的一周，在这里，我第一次因为陈示性类而听说了陈省身的名字。他们是出现在霍普夫的已经发表的一篇论文里 [2]。他给了我一份复印件，这是我第一次收集的复印材料中的一个。我们讨论了这篇论文，在这篇论文中，霍普夫定义了在 $2n$ 维紧致定向微分流形 X 上的殆复结构的概念。形如 $c_i \in H^{2i}(X,\mathbb{Z})$ 的陈类在这样的结构中被定义。霍普夫提到了陈的论文 [3]。陈类 c_i 限制在模 2 上给出了 $i<n$ 的斯蒂弗尔 – 惠特尼类 $w_{2i} \in H^{2i}(X,\mathbb{Z}_2)$。我们有 $w_{2n}=c_n$。这就是欧拉类：$w_{2n}[X]=e(X)=$ 欧拉数。斯蒂弗尔 – 惠特尼类 $w_{2i+1} \in H^{2i+1}(X,\mathbb{Z})$（阶为 2 的挠类）都消掉。E. 斯蒂弗尔 [4] 已经通过对向量域的 r-tpls（它在一个 $r-1$ 维的闭链外线性无关）的研究对紧致微分流形引进了他的类。斯蒂弗尔类通过庞加莱同构与上同调类对应（上同调类是惠特尼对任意实向量丛引入的）（与 [5] 比较）。斯蒂弗尔是霍普夫的一个学生，他后来成为计算机科学方面的一个名人。陈类来自向量域的 r-tpls，这个向量域在一个 $r-1$ 复维的闭链外是复线性无关的。陈类通过庞加莱同构得到 $i=n-r+1$ 时的 c_i。

1949—1950 年我在苏黎世理工学院做研究并和霍普夫讨论我的明斯特大学学位论文，我的学位论文是关于二维复空间及其它们奇点的分解的。我研究过陈类，但不是我研究的重点。1950—1952 年我做了两年学术研究，能力得到提升后我成为在埃尔朗根（Erlangen）的科学助理，之后情况有了转变。那时我开始再次研究陈类，我写了关于复曲面的论文 [6]。其中的某些结果可能已被推广到高维情形，但所谓的“对偶公式”还不知道。这个公式是说两个复向量丛的直和的全陈类 $1+c_1+c_2+\cdots$ 等于直和项的全陈类的乘积。这篇论文［6］在关于公式的证明的最后有个备注：陈省身（Chern）和小平邦彦（Kodaira）告诉我“对偶公式”在陈即将发表的一篇论文［7］中已得到证明。在我的文集（施普林格出版社，1987）的第一卷对这篇论文的评论中，我写道：当我在 1952 年 8 月进入普林斯顿成为高等研究院的一名成员并先后跟小平邦彦、D. C. 斯潘塞（Spencer）以及稍后的 A. 博雷尔（Borel）讨论后，我的关于陈类的知识瞬间快速增长。博雷尔告诉我他的论文包含他的关于紧李群的分类空间的上同调的理论。对于酉群 $U(n)$，这意味着可用一种自然的方式将陈类 c_i 考虑为 $x_1,x_2,\cdots,x_n$ 中某些变量的 i 次初等对称函数。

我在高等研究院度过的 1952—1954 年这两年是我数学生涯的形成时期。关于这个我已经写过很多次了（［8］,［9］）。我必须研究和发展陈类的基本性质，引进陈特征标，它后来（与 M. F. 阿蒂亚（Atiyah）的联合工作）成为从 K-理论到有理上同调的函子。1953 年我开始发表我的研究成果。主要的定理在［10］中公布。它涉及射影代数簇 V 的欧拉数以及在 V 上的复解析向量丛 W 的全纯截面层中的系数。陈类到处都是！我在此引述［10］中的话：“论文中主要的定理将欧拉 – 庞加莱示性数表示为 V 的切丛中的陈类中的多项式和从 W 中的陈类中的多项式。”

在我全部的数学生涯中，陈类一直陪伴我。2009 年我做了周年 Oberwolfach 演讲［11］。

截取这篇演讲［11］中的一个例子以作说明：

假设 V 是一个二维的复向量丛并且 c_1,c_2 是它的陈类，那么 V 的 7 次对称幂的最高陈类由下述公式得到：

$$C_8(S^7V)=7^2c_2(720c_1^6+3708c_1^4c_2+3004c_1^2c_2^2+225c_2^3)。$$

在 $\mathbb{P}_5(\mathbb{C})$ 中线的簇 $X_4=U(6)/U(2)\times U(4)$ 有八维。假设 c_1,c_2 是 V 的陈类，X_4 上的重言式的二维的向量丛的对偶，则

$$C_8(S^7V)[X_4]=\mathbb{P}_5(\mathbb{C})\text{ 中的一个 7 次超球面的线数。}$$

此外对于

$$a+b=n \text{ 和 } X_n=U(n+2)/U(2)\times U(n),\quad \dim_{\mathbb{C}}X_n=2n$$

我们有

$$c_2^ac_1^{2b}[X_n]=c_b=\frac{(2b)!}{b!(b+1)!},$$

b 次卡塔兰数为

$$C_0, C_1, C_2, \cdots = 1, 1, 2, 5, 14, 42, \cdots.$$

对 $C_8(S^7V)$ 此公式意味着在 $\mathbb{P}_5(\mathbb{C})$ 中 7 次超球面的线数等于 $7^3 \cdot 2035$（更多的细节请参考文章 [11] 中的讨论）。

大约 10 年前我做了一次关于“陈数和卡塔兰数”演讲。我给在中国的陈写信讨论它。他想知道的更多并多次邀请我到中国拜访他。但我一直没有去。我感到非常遗憾。

现在回到大约 60 年前我在普林斯顿大学的时期。

我和妻子在 1952 年 11 月结婚。我们安排了一场婚后旅行，在这场旅行中斯潘塞通过他的空军工程给了我一些援助。本打算在斯坦福和芝加哥作报告的，但实际上我在这次旅行中在七个地方作了报告。我从 1952 年圣诞节到 1953 年 1 月底都不在研究所。我们和卡拉比（Calabi）一家从普林斯顿大学驱车到卡拉比任教授的巴吞鲁日（Baton Rouge），然后乘飞机到斯坦福，最后在 1 月底到达了芝加哥。在那里，我们遇见了伟大的陈大师和他的美丽的妻子。他 41 岁，我 25 岁。对于我来说他是一个长者，但是我们之间交谈却没有隔阂芥蒂。他对我在报告中提到的我在普林斯顿大学做的项目很感兴趣。我们讨论过他的论文 [3] 和 [7]。陈从一项关于 $n+N$ 维的复向量空间中的 n 维线性子空间的格拉斯曼 $H(n,N)$ 的研究开始。每个维数 $d \leqslant 2N$ 的有限维多面体 B 上的 n 维向量丛可由 $H(n,N)$ 上的重言式的 n 维向量丛导出。$H(n,N)$ 中的 B 的映射的同伦类与 B 上的 n 维复向量丛的同构类是一一对应的。这是陈论文中的定理 1 和 2，对此他给出了证明。重言式丛的陈类 $c_i \in H^{2i}(H(n,N),\mathbb{Z})$ 乘以 $(-1)^i$ 在庞加莱同构下与下面的舒伯特（Schubert）闭链对应：我们确定一个 $\mathbb{C}^{n+N}$ 的（$N+i-1$）维的线性子空间 L 并且考虑所有 $\dim(X \cap L) \geqslant i$ 的 $\mathbb{C}^{n+N}$ 的 n 维线性子空间 X 的闭链。从这里陈得到定义，这个定义是我们从使用向量域的 r-tpls 开始的。

对于埃尔米特流形（Hermitian manifolds）陈展示了怎样通过微分形式表示陈类并且得到 $r=1$ 时的欧拉数的 Allendoerfer–Weil 定理.

论文 [7] 有陈类的下列定义：假设 E 是基 B 上的一个 n 维的复向量丛。假设 P 是有纤维 $\mathbb{P}_{n-1}(\mathbb{C})$ 的相伴射影丛。假设 L 是 P 上的且 $g=-c_1(L)$ 的重言式的线丛（我们设想线丛的陈类的知识）。那么限定在 P 的纤维上的 g 是 $H^2(P_{n-1}(C),\mathbb{Z})$ 的正生成元。在 P 中纤维上 g^{n-1+m} 的积分给出了 $\bar{c}_m$，E 的 m 次“对偶”陈类。全“对偶”陈类 $\bar{c}=1+\bar{c}_1+\bar{c}_2+\cdots$ 由 $c \cdot \bar{c}=1$ 定义。如果 $B=H(n,N)$，那么 $\bar{c}$ 是 B 上的可补 N 维重言式丛的全陈类。

陈用这些去证明如果在射影代数范畴任何事情都可以做的话，陈类可由代数闭链表示。那么在 P 中 g^{n-1+m} 可由除子的交表示且纤维上的积分是同调映射，把代数闭链映到代数闭链。

陈省身一家邀请我和妻子到他家做客吃晚饭，这是我第一次吃到陈太太做的饭。以后在加州大学伯克利分校有好多次吃到。在他 1950 年的论文选集中可以看到陈省身夫妇和两个孩子的照片。陈省身送给我一本，并且题词"给弗里兹，最亲切的问候，1979 年 6 月"。他的签名用的汉语，但在我们的参观期间我们经常用德语交谈。陈省身曾经在 1934 年到 1936 年在汉堡州就读，并且跟布拉施克（Blaschke）攻读博士学位。

在 1955 到 1956 年期间，我在普林斯顿大学做助理教授，我关于我的"Neue topologische Methoden in der algebraischen Geometrie"[12]一书开了一门课程。陈省身和塞尔（Serre）偶尔也参加。陈省身、塞尔和我写了一篇"关于纤维流形的指数（On the index of a fibered manifold）"的论文，并且在 1956 年 9 月份提交[13]。在这篇论文中，由于紧致连通定向流形的纤维化（假设底空间的基本群平凡作用于纤维的有理上同调），符号差的可乘性得到了证明。在我的书中，我使用了 A. 博雷尔的关于 χ_y- 亏格在以凯勒流形作为纤维的复解析丛中的可乘性的一个结果。（同样这里也假设底空间的基本群平凡作用于纤维的有理上同调。）A. 博雷尔的结果意味着 $y=1$ 时符号差在这些丛中是可乘的（见[12]，定理 21.2.1）。这些可乘性问题稍后在椭圆亏格理论中变得十分重要。

在 20 世纪 50 年代，大概是我在 1959 年到 1960 年访问普林斯顿大学期间，陈省身邀请我到芝加哥做一个报告。我坐火车去，他在车站接我。我能看出他是一个很细心的司机，这让我再次感受到了陈省身的热情好客。1960 年陈省身成为加州大学伯克利分校的教授，在他的邀请下，我在 1962，1963，1967，1968，1973，1974，1979，1983，1986，1998 年利用波恩大学的暑假或者公休假期和家人一起去拜访他。很明显我的家人很喜欢伯克利，当然，我也很喜欢在伯克利的数学生活 …… 陈省身在 1968 年 11 月帮我找了份在加州大学的公职，关于这事我们都很认真对待。我们甚至四处找房子。陈省身在 1968 年 12 月 5 日写给我的信中说："我们都希望你能够发现伯克利足够的迷人，以值得你做认真的考虑。一些困难可能会发生，但是这不需要你考虑。我打算向美国国家科学基金会呈交一份关于研究支持的申请，我会把你也加入申请之内的。"在波恩大学我经常参与到同学的讨论中去，并且希望在伯克利作为一名新的大学教学人员能有一个更为安静的、能够有更多时间研究数学的生活。最后，我决定待在波恩，这让陈省身先生感到很失望。但是去伯克利的邀请一直不断。陈省身一家经常给我一些实质性的帮助，比如去机场接我，帮我们找房子，借给我们一些日常用品，甚至借车给我们，在他们的房子里储存我们购买的下次拜访时准备用的东西 …… 我们在陈省身的埃尔塞利托的美丽的家中受到了他们一家的热情招待，站在港湾桥上俯视港湾，在伯克利和奥克兰极好的中国餐馆就餐，陈省身一家是那些地方最尊贵的客人。陈省身家人和其他用晚餐的客人之间的谈话一直都很愉快。

1979 年，在陈省身作为一名大学教授退休之际，有一个名为“The Chern symposium”的招待会上，我做了一个关于“关于某些希尔伯特模曲面的典范映射（The canonical map for certain Hilbert modular surfaces）”的报告。会议的过程被发表在［14］上。在这本书的前言中 I. M. 辛格（Singer）写道：“这次招待会也显示了陈省身教授的人格魅力，敏捷又无拘无束的温柔和幽默。我们希望他身体健康长寿，永远幸福，并且希望他在数学领域继续有独到的非凡贡献。”这也是我内心的想法。

陈省身实际上并没有退休。在 1981 年他成为伯克利美国国家数学研究所（MSRI）第一位导师。在美国国家数学研究所建成之后，我有时会用他的窗外有美丽风景的办公室。在 1981 年我成为波恩大学马克斯 · 普朗克数学研究所的第一位导师。通过这种方式我和陈成为同事。

1981 年我提名陈获得“亚历山大 · 冯 · 洪堡奖”。他接受了它并且 1982 年和 1984 年暑假的部分时间在波恩度过。他谈到在这些年在 Arbeitstagungen 的主题为“网络几何”和“一些活动标架的法的应用”。当他离开时，他给了我他的拐杖，我仍然保存着，它对乘飞机来说太沉重了。

1998 年我被邀请成为伯克利第一批陈省身教授之一。这些客座教授由乌米尼（Robert G. Uomini）给数学系的资金礼物资助，他是陈省身以前的一个学生，买彩票中了一大笔钱。我当时在美国国家数学研究所举行了为期一天的陈省身研讨会，接着是大学四星期的课。我在研讨会上演讲的题目是“我为什么喜欢陈类?”我给了四个答案：

（1）*陈类让我想起了我年轻的时候*。

我希望这在他的贡献的开始就说清楚。

（2）*陈类有这么多不同的定义*。我说了一个笑话：*我尤其喜欢所有这些定义都等价*。我汇报了陈的论文［3］和［7］中各种各样的定义。笑话中的陈述需要一些工作，是由博雷尔和我或者可能还有其他人做的。困难存在于标志性的问题：我们处理的是一个复向量丛 V 还是它的对偶 V^*?

（3）*陈有一个美丽的字符*。

有个故事，可能不是真的，在一个关于 K-理论和有理同调函子的演讲中我说出了“陈有一个美丽的字符”，他当时在场，笑了。

（4）*陈类有很多应用*。

在这篇文章中提到很多例子。

我对“我为什么喜欢陈类”给出了答案（1）—（4），这是陈 87 岁（1998

年）时我演讲的题目。他在我看来没那么老。他来听我的演讲，也去了我的四周中一些讲座。陈一家出席了官方的晚宴。他们邀请我们去一家中餐馆。

我最后一次见陈省身是 1998 年在伯克利，陈一家陆续搬到了中国。

但是我们一直保持联系。我们编辑了两卷沃尔夫数学奖获得者的文集（由世界科技出版公司于 2000 年和 2001 年出版）。

我 1995 年在波恩作为马克思 · 普朗克数学研究所的导师退休，是以一个非正式的讲座、表演、音乐、午餐和晚餐来庆祝的，这持续了两三天。唐 · 乍基亚（Don Zagier）有个想法，用参加的人也包括一些没来的人的文章和简短的发言出本书。陈省身没有来，但是有一页是他的：

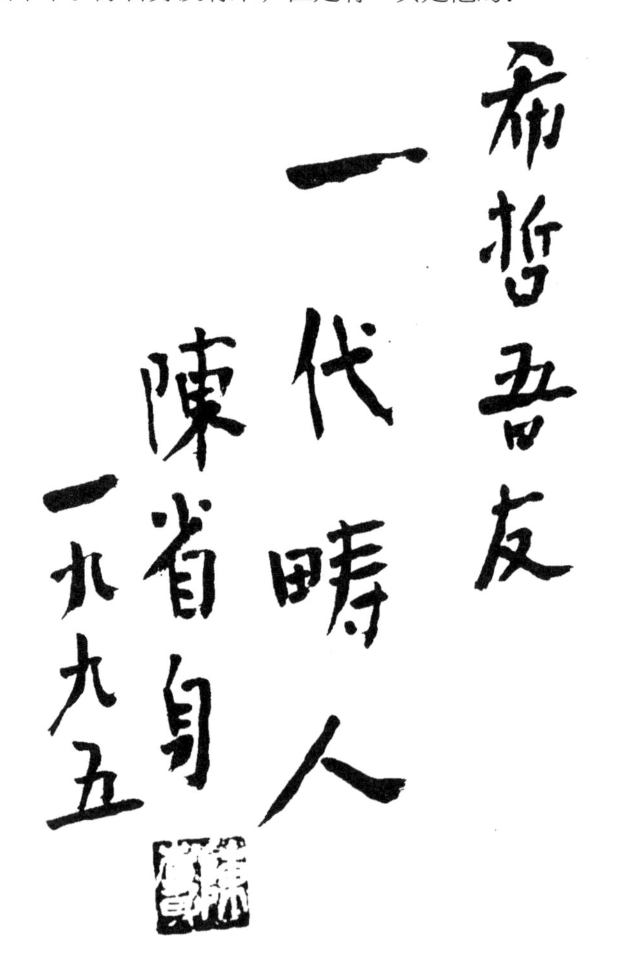

2005 年，普林斯顿高等研究院数学学院迎来了它的 75 周岁生日。资深成员陈省身、博特（Bott）、希策布鲁赫（Hirzebruch）和阿蒂亚被邀请参加圈内的讨论，讲述他们在研究所的时光怎样影响了他们数学生涯的形成，其中陈的部分以电视录像形式呈现。但是他于 2004 年去世了。我也做了一个数学讲座，提到了博雷尔和陈。陈类无处不在！博雷尔和我已经在 20 世纪 50

年代展示了如何计算陈类和紧致复齐性空间的陈数。一个例子（在一个由卡拉比改进的公式中）：

设 X 是 $\mathbb{P}_3(\mathbb{C})$ 的射影反变切丛，Y 是 $\mathbb{P}_3(\mathbb{C})$ 的射影共变切丛，则这些五维复齐次空间 X 和 Y 的陈数 c_1^5 分别等于 4500 和 4860。这很有趣，因为 X 和 Y 是微分同胚（比较［11］和在那里提到的 D. Kotschick 的工作）。

备注：我所写的与［15］以及 2010 年 12 月 6 日在波恩我通过扎拉影片（Zala Films with George Csicsery for MSRI）对陈的追思有些交叠。

（北京师范大学数学科学学院　张希营译，李建华校）

参考文献

[1] F. Hirzebruch. *Bericht über meine Zeit in der Schweiz in den Jahren 1948—1950.* In: math.ch/100. Schweizerische Mathematische Gesellschaft 1910—2010. EMS Publishing House, 2010, 303–315.

[2] H. Hopf. *Zur Topologie der komplexen Mannigfaltigkeiten.* In: Studies and Essays presented to R. Courant. New York 1948, 167–185.

[3] S.-S. Chern. *Characteristic classes of Hermitian manifolds.* Am. Math. 47 (1946), 85–121.

[4] E. Stiefel. *Richtungsfelder und Fernparallelismus in n-dimensionalen Mannigfaltigkeiten.* Comm. Math. Helvetici 8 (1935/36), 305–353.

[5] N. Steenrod. *The topology of fibre bundles.* Princeton Math. Ser. 14, Princeton Univ. Press, 1951.

[6] F. Hirzebruch. *Übertragung einiger Sätze aus der Theorie der algebraischen Flächen auf komplexe Mannigfaltigkeiten von zwei komplexen Dimensionen.* J. Reine Angew. Math. 191 (1953), 110–124.

[7] S.-S. Chern. *On the characteristic classes of complex sphere bundles and alge-braic varities.* Amer. J. Math. 75 (1953), 565–597.

[8] F. Hirzebruch. *The signature theorem: Reminiscences and recreation.* In: Prospects in Mathematics. Ann. Math. Stud. 70 (1971), 3–31.

[9] F. Hirzebruch. *Kunihiko Kodaira: mathematician, friend, and teacher.* Notices of the AMS 45 (1998), 1456–1462.

[10] F. Hirzebruch. *Arithmetic genera and the theorem of Riemann-Roch for algebraic varieties.* PNAS 40 (1954), 110–114.

[11] F. Hirzebruch. *Chern characteristic classes in topology and algebraic geometry.* Oberwolfach Jahresbericht 2009, 17–30.

[12] F. Hirzebruch. *Neue topologische Methoden in der algebraischen Geometrie.* Springer, 1956.

[13] S.-S. Chern, F. Hirzebruch, J.-P. Serre. *On the index of a fibered manifold.* Proc. Am. Math. Soc. 8 (1957), 687–596.

[14] W.-Y. Hsiang et al. (eds.) The Chern Symposium 1979. Proceedings of the International Symposium on Differential Geometry in Honor of S.-S. Chern, Held in Berkeley, California, June 1979. Springer, 1980.

[15] F. Hirzebruch, U. Simon. *Nachruf auf Shiing-Shen Chern.* Jahresbericht der DMV 108 (2006), 197–217.

一个投资家的数学之旅

利宪彬

译者：王立东

利宪彬先生是在澳大利亚注册的 Beyond 国际有限公司的董事和主要股东，主要从事电视节目的制作和国际销售，以及故事片的国际销售。他是普林斯顿大学学士、香港中文大学经济管理硕士、利希慎基金会会员、希慎兴业有限公司董事和主要股东，1994 年被任命为非执行董事。

我是十三四岁左右开始迷上数学的，当时我正在香港上高中。那个时期很流行使用集合的概念和符号讲授数学，这就激励我去找一些有关集合论的课外读物来看。我见到的第一本严格的数学书是 Tom Apostol 的《数学分析》。随着阅读范围的拓广，我发现许多顶级数学家都在普林斯顿大学或普林斯顿高等研究院读书或工作过，于是普林斯顿成了我梦想的学校。

1975 年，我从香港来到普林斯顿开始了本科阶段的学习。我在数学系上的第一门课是以实分析为主要内容的高等微积分。和高中的微积分相比，它更加抽象而具有活力。记得起初班里一些同学觉得 $\varepsilon-\delta$ 语言很难理解，庆幸的是，我高中自学过相关的概念，对于我来说，这不是大问题。

我们班刚开始时有 20 个准备主修数学的学生。但是到了第一学期结束，只剩下了一半，到第二学年开始的时候就剩下了 4 个。

普林斯顿数学系尽是一流数学家。我相信那时的明星是 22 岁就获得全职教授职位的菲尔兹奖得主 Charles Fefferman 教授。我觉得自己太幸运了，能够追随如此优秀的数学家学习。

高深数学对我的第一次挑战发生在第二学年的秋季学期，当我选修初等微分几何的时候。记得坐在我旁边的是一个看上去很小的学生，后来才知道他是一位年仅 17 岁的博士生。我逐渐意识到，自己可能在数学上还不足于优秀到可以选择数学研究作为终生的职业。尽管如此，我还是因为对这个学科的热爱而坚持下来，并在第二学年结束的时候选择了数学专业。

普林斯顿大学十分强调独立工作。第三学年我们就必须参加初级讨论班并在此基础上提交论文。我现在还记得论文的主题是素数定理，要求学生运用解析数论的工具来发展证明。

在普林斯顿的学习是艰难的。毕业时除要求修读完指定的课程以外，还要求提交一篇高级论文并通过综合考试，以及进行论文的口头答辩。我那时非常幸运，有 J. C. Moore 教授做我的论文指导教师，他乐于助人又十分耐心。数学系最大的优势之一是修每门课的学生都很少，通常不到 10 人，特别是高级的课程，因而每个学生都得到了教师个别的关注。多数教授十分亲切，并定期接待学生。公共休息室里每天都备有茶水，以鼓励学生们来交换意见，并和系里的老师对话。

我在 1979 年离开普林斯顿回到香港，进入投资银行工作。目前我在悉尼从事私人投资。虽然我现在的日常生活中既用不到拓扑也用不到群论，但是我在普林斯顿学习数学的过程中，学到了人不应被困难复杂的问题吓倒。当你虚心地横向思考并长时间研究问题时，找到答案的好时机就到来了。

（中国人民大学附属中学　王立东译）

应用数学及其教育

鄂维南

应用数学领域最令人不安的问题之一是缺乏一个可靠的教育体系。如果与纯数学的情况作比较，这个问题尤为明显。在美国，应用数学课程很大程度上取决于特定的系和特定的教授。课程的内容往往是比较特殊也变化得很快。我的感觉是，这类课程培养的学生通常不具备足够的基本训练。更重要的是，这种方式不能足以吸引最好的青年人参与到应用数学领域中来。在计算数学方面，中国是具有相对比较完善的课程体系的少数几个国家之一。这些课程包括数值分析、数值线性代数、优化理论、微分方程的计算方法、有限元方法等。然而，这样细致的课程体系也产生了相反的效果：虽然学生知道了多个相关细节，却迷失了大的方向。

当我是一个本科生的时候，我的兴趣改变得相当频繁，从代数到拓扑、代数数论，甚至一段时间，到逻辑。但每一次，我向老师们征求意见，应该怎样去学习某一特定主题的时候，他们往往会非常自信地列出一系列书籍让我去读。现在回想起来，这些建议还是非常合理的。

回到我们这一行，也常有学生问我，要想成为一名应用数学家，他们应该学习哪些课程？我却不能同样自信地做出回答。相反，我经常列出一长串的课程，包括所有数学基础课程、物理基础课程、随机分析的课程（我个人一直认为随机分析比较重要，但在应用数学训练中往往被忽略）和数值方法的课程。我自己很清楚，在为期四年的大学学习中，学完所有这些课程几乎是不可能完成的任务。但我没有一个更好的回答。

五十多年前，当应用数学刚起步时，几件事情带动了它的发展。一个是需要建立数值计算的基础，另一个是微分方程（特别是流体力学中的微分方程）的分析和计算。当时应用数学也没有一个完善的教育体系，但因为其涉及的范围还不太广，所以比较容易准备所需要的基础知识。

就在我们读研究生时，事情发生了巨大的变化：在一个相对较短的时间内，应用数学的范围被大大扩展。例如，材料科学开始登上应用数学的舞台。更重要的是，即使在应用数学领域，生命科学也开始占据中心。如今，应用数学的学生往往更着迷于生物或神经科学的奥秘，而不是流体力学中著名的悬而未决的问题。

这种范围的扩大，反映了应用数学内在的普适性。但也产生了一个问题：我们如何培养能够在这些领域工作的研究人员？现在看来，我们还不能很好地回答这个问题。

这个问题最困难的部分，似乎是应用领域的背景知识：生物学、物理学、材料科学、化学、大气科学等。当流体力学是应用数学的主要应用领域的时候，这不是一个问题。事实上，Stokes 之后，流体力学的理论研究就以两种不同的风格进行，一种人对流体的运动具有相当深刻的了解，他们的风格是针对一个典型的物理现象而给出其数学上的依据或解释；另一种人（我经常把自己归为这一类人）把流体力学简单地看作是一个研究描述流体运动的偏微分方程的数学问题。可以有把握地说，后者的风格也极其成功。这可能有两个原因。首先是流体力学的基本物理原理是比较清楚的。物理直观当然会有帮助，但这不是决定性的。而作为一个数学问题，它却是相当深刻和丰富的。比方说，它体现了非线性动力学的三个基本特征：奇异现象、可积性和混沌现象。探索这些问题，需要新的数学概念和工具。所以，数学家的优势能得到充分地发挥。因此，即使不懂流体力学，也有可能对流体力学作出显著的贡献。

然而，到了其他领域，如生命科学和材料科学，事情有了很大的不同。真正的第一性原理是涉及包含所有原子和电子的多体问题。这在目前是无法解决的问题。因此，要取得进展，必须采取大幅度的近似。与流体力学的情况不同，我们尚未发展出一套工具，能系统地处理多体问题的近似。因此这些领域里成功的理论模型需要来自于对实际问题的深刻理解。

然而，应用数学涉及的不仅仅是生命科学和材料科学，它还包括化学、大气－海洋科学等。当学生对应用数学感兴趣时，他（她）可能拿不准应该研究哪个特定领域。此外，应用数学家在其职业生涯中很可能会改变兴趣，比如从化学转到生物学。毕竟，这是这个行业最吸引人的特点之一。但怎样教育我们的学生，使他们能适应这一切呢？

其实，最大的影响将来自信息科学的发展。由于“信息科学”这一名词已有其特殊意义，所以我改用“数据科学”一词。简单地说，它由两部分组成，即用数据来研究科学和用科学的方法来研究数据。例如图像和信号处理、网络的研究、统计学习或更普遍的大型数据集分析、生物信息学等。这个学科的发展非常迅速，而且正在逐步超越物理科学而成为应用数学的主要推动力。与物理科学相比，它的优势在于它比较新，因此具有更多的潜力。而且它具有更广泛的数学基础（不像物理科学，到目前为止，其主要的数学基础仍为微分方程及相关领域），它与技术和产业有更直接的联系，因此在社会上更容易看到其影响。学生喜欢这个方向，因为他们可以很容易地理解它的问题，并且开始对这些问题做研究时一般不需要很多的背景知识。特别是，数据科学不需要太多的物理背景，数学提供了其基本的模型。对应用数学来说，这是前所未有的机遇。然而，这也对应用数学教育提出了挑战。

下面，我将对应用数学如何制订教育方案，给出一些具体的建议。我当然不会天真地认为，这是一个令每个人都会满意的解决方案。但我希望，通过提出一个具体建议，至少能吸引更多人来关注这个问题。

我们心目中有两项指导原则。首先是一个信念：就像纯数学一样，应用数学也是一个具有统一性和连贯性的学科。带动数学发展的内在统一性，也同样存在于应用数学中，尽管它体现的方式不一定一样。因此应用数学家的培养应该有共同的基础。第二，我们不应该也不能够教给学生一切他们所需要的基础知识，但我们应该也能够教给学生自己学习这些基础知识的能力。

从广义上讲，制订应用数学教育计划时有三个方面要考虑。

1. 用数学风格来思考和用数学方式来描述现象和问题，比如：

- 精确地描述问题。在试着解决问题之前必须先说清楚问题究竟是什么。这个要求看似简单，却是数学家们最主要的优点之一。需要注意的是，明确的表述往往需要适当的抽象。

- 严谨的思维方式（不一定每句话都需要加以证明，但是所有的推论都要有一个合理的坚实的基础）。一个应用数学家往往需要面对的一件事就是在严谨性和取得进展之间作妥协。

- 对清晰的概念（代数、拓扑、几何等）和准确的语言具有兴趣。

2. 需要掌握的技术。这些技术包括可用于分析问题和简化问题的数学方法。同样重要的是能帮我们解决复杂问题的数值方法。在许多情况下，一个问题最终的解决方案是用数值方法来阐述的。

3. 科学和技术的代表领域的基础知识和直观概念。包括一些生物学和统计学的基本知识。

具体的课程或科目的设置，建议如下。

1. 在分析、概率论、线性代数、离散数学和几何方面打好坚实的基础。这里的分析应包括数学分析、实分析和复分析、傅里叶分析。我想强调的是，概率论是非常重要的，应放在早期阶段。课程内容不应该只是包括极限定理，也应该包括来自多个学科的具体的例子，比方说随机算法中的一些例子。线性代数须包括线性空间和二次形等抽象的内容，也应包括从实际的角度来研究线性方程组，还应包括矩阵技巧。几何应包括初级解析几何，曲线、曲面和内蕴几何的某些方面。流形上的微积分也应包括在内。

2. 抽象代数、拓扑结构、泛函分析、微分方程方面的基础课程。在代数，重点应放在群论及其例子（对称群，线性群），李群和李代数，一些基本的表示论。拓扑课程中，应包括点集拓扑的大体知识，简单地介绍同伦论和同调及上同调论。泛函分析应包括谱理论，应该注重更多的例子。微分方程还应包括渐近方法的介绍。

3. 数值算法和近似理论方面的基础课程。这些包括：逼近论、数值代数和优化算法、蒙特卡洛方法、计算机科学中的离散算法、网络算法等。

4. 连续介质力学和统计力学的基本课程。这些课程教给学生在宏观和微观层面建立数学模型的物理原理。学生需要知道如何写下简化模型，以及如何为简化模型提供微观基础。目前，大多数建模课程不能做到这一点。

5. 生物学和物理学的入门课程。

6. 数据分析和统计学的入门课程。

后面这些课程的目的是要了解这些学科的文化、基本问题、概念和原则，而不是详细的知识。那些对物理科学感兴趣的学生（不管是什么具体的科目），还需相当彻底地了解物理学的基本知识，包括经典、统计和量子力学，以及电动力学。对数据科学感兴趣的学生，在统计、信息理论和计算机科学的某些方面有一个坚实的知识背景是很重要的。

这个计划是否现实？我相信第 1、第 5 和第 6 项都不难。事实上，许多学校已经提供了非常相似的课程，只需要作简单的修改，就能适应我们的需要。第 2 项要求纯数学家的帮助，这些课程大多尚未到位。例如，典型的抽象代数课程包括环和域，而不是李群、李代数和基本的表示论。群论中也没有足够的具体例子。第 3 和第 4 项可以通过引入两门新课程来解决。一门课程是："算法和数值分析"，包括上面列出的内容，另一门就是"统计和连续介质力学"。目前看起来已经有条件开设这些课程。

为什么这很重要？因为它有助于吸引最好的人才到这个领域。毕竟，一个学科的长期发展很大程度上取决于它是否能够吸引最优秀的年轻人才。在这方面，我们做的工作非常不够。在目前很难想象，一个非常有才华和抱负的数学系的青年学生会被吸引到相当繁琐的，而且在许多方面是初级的，计算数学的课程上来。要改变这种状况，我们就需要想方设法把应用数学具有吸引力的一方面展现出来。

要做到这些，必须有体制上的保证。我国本科教育体制最大的缺陷之一就是学科分得太细，而这跟前面所提倡的教育计划是相违背的。但我们也不必等到有了完美的体制以后再实施这样的一个教育计划。我们完全可以通过建立应用数学教研室这样一个简单且比较熟悉的机构来协调课程的设置。

应用数学面临的是前所未有的机会和前所未有的挑战。一方面，科学和技术的发展已经到了一个阶段，即应用数学问题往往成了主要的瓶颈。这就给应用数学提供了难得的机会。另一方面，其他行业的研究人员不一定会等待应用数学家来帮助解决他们的问题，他们正在自己设法解决。量子化学和电子结构分析就是一个典型的例子。如果这种趋势继续下去，应用数学会逐渐失去其地位，变得无关紧要。这不仅对应用数学不利，也对科学和社会的发展带来不良影响。毕竟，这些问题是真正的应用数学问题，需要应用数学的参与。

最后，基于我过去几年的教学以及和许多学生交流的经验，我想对中国的大学本科数学教育谈点看法。中国的本科教育有很多好的东西。这里主要谈谈需要改进的方面。一件值得关注的事情是很多学生来自高中的“竞赛班”。虽然他们已经了解到解决具体问题的许多技术，但是他们没有任何额外的时间去探求自己的兴趣，对科学没有多少自己的感觉。这是一个问题。第二点是最好的教授应该用来教数学分析和线性代数。这不仅因为这些都是基础中的基础，而且还因为这些课程都开设在本科教育的第一年，也是最关键的一年。这个时候，应该教育学生们怎样用正确的方式来思考数学。更有经验的教授一般会在这方面做得更好。我自己就在这一方面获益良多。第三点，我们应该尽可能多地为学生创造提问的机会，并增强他们的主动性。讨论课和课题研究，对这些可以起到很大的帮助。最后，我觉得有必要让学生在早期就知道：数学是什么？我们通常会教给学生一门又一门的课程。我们没有给他们一个的关于数学的整体描述。他们只能在其职业生涯中自己去寻求。当学生进入大学后，把他们（至少是最好的学生）作为专业的数学家来对待，可能对他们会有更大的帮助。

数学本身是没有边界的。有边界的是我们的思维方式，特别是传统的思维方式。突破了这个方式，我们就会发现数学的潜力是无穷的。它不仅提供了人类智慧在最深层次进行博弈的一个场所，也和社会、经济和文化的发展有着紧密的联系。

抽象代数教学札记

冯克勤

对于多数学校的数学系，抽象代数是一门重要的选修课（或必修课）。学生比较害怕这门课。初学者常常一个晚上做不出一道证明题，可是当别人告诉你证明方法时，又觉得很容易，感到很郁闷。

教学目的

抽象代数是研究抽象代数结构的一门课程，基本代数结构是群、环和域，它们是由数学和物理等学科的研究对象中提炼出来并有广泛应用的三种代数结构。伽罗瓦（1811—1832）在研究高次方程求解的时候，考虑方程根之间的置换，产生了群的概念。这导致他和阿贝尔（1802—1829）证明了大于 4 次的一般方程没有根式求解公式，成为抽象代数的开拓者。后来人们发现，群是研究现实世界对称的有力工具：哪里有对称，哪里就有群的作用。抽象代数充分体现了数学的抽象能力，即由不同具体对象提炼出它们一般性质的能力。由此衍生出数学的应用广泛性，即将代数结构的一般性研究应用于现实世界的各种具体事物。学生在抽象代数课中主要学习以下两种数学思想和方法：

1　研究对象的分类。寻求同类对象的公共性质（不变量和不变性），如何判别两个对象属于同一类（完全不变量或完全不变性）。初中的平面几何事实上已经体现了这种数学思想。欧氏平面上的所有几何图形在保持长度的所有变换（欧氏运动加上反射）形成的群的作用下，相互可以变换（在同一轨道中）的几何图形做成一类，就是几何图形的全等。全等三角形的三边和三个夹角是不变量，而判别两个三角形全等的三种方法（三个对应边，两边和夹角，两角和公共边）就是给出三角形的三种完全不变量组。按照德国数学家克莱因的观点，几何学就是研究数学对象在某个群作用下的不变性质。学生在抽象代数课中将会受到这种分类思想的一般性训练，研究某些类代数结构的性质。如有限交换群的结构（初等因子或不变因子是完全不变量，即是判别两个有限交换群同构的准则），主理想整环和唯一因子分解整环，域的代数扩张和超越扩张等，学习由同类代数结构中抽出一般性质的能力。

2 各种不同代数结构之间的联系，并通过这些联系来研究代数结构的性质。最基本和重要的联系是群之间和环之间的同态，以及同态的基本定理，这是抽象代数的核心思想和内容。群论中的数量性结果（如拉格朗日定理：n 阶有限群中每个子群的阶都是 n 的因子）固然是重要的，但只有善于发现和运用某个群 G 到另一个群 H 的适当的同态来研究群 G 的性质，才学到群论的本质思想和方法。自然地，人们希望找到一些具有代表性并且比较熟悉的群作为样板，通过 G 到这些样板群的同态来研究群 G。目前广泛采用的样板群有两类，一类是有限集合上的置换群，另一类是域 F 上的 n 次线性群（即元素属于 F 的 n 阶可逆方阵组成的乘法群以及它的各种子群）。这就是群的表示理论。群到线性群的同态有一个专门的课，在数学、物理、化学和力学中都有重要作用。在抽象代数课中应当讲一点群到置换群的同态（置换表示），即群在有限集合上的作用。一个简单的例子是确定三维欧氏空间中正立方体的自同构群 G，即把正立方体变成自身的所有欧氏运动。把每个运动看成是正立方体 8 个顶点的一个置换，从而 G 同构于 8 元对称群 S_8（阶为 $8!$）的一个子群。将一个固定顶点 a 保持不变的运动有 3 个，形成 G 的一个子群 H。将 a 变成另一个固定顶点 b 的全部运动是 H 的一个陪集。由于 a 可运动到任何顶点，所以 H 在 G 中的陪集共有 8 个。于是 G 是 $3\times 8=24$ 阶群。同样地，G 也可看成是 6 个面或者 12 条边的置换群，固定一个面的运动有 4 个（这个面的 4 个旋转），固定一条边的运动有两个，所以 G 也可看成是 $6\times 4=12\times 2$ 阶的 6 元和 12 元置换群。

如何教和如何学

1 要学好抽象代数，学生的心中一定要有足够多的例子。对于抽象和一般性的论述和结论有实在的感知，在这种真切感知中来体会论述的含义和证明中的道理。否则，抽象代数只是一堆空泛的概念和莫名其妙的结论。

比如说在考查同学对群论的了解程度时，我往往不问群的定义，而是从一个最简单的问题开始：最简单的非交换群是哪一个？学生应当知道，素数阶的群都是循环群，从而素数阶群都是交换群。进而还应当知道 4 阶群为交换群（可以当场叫他证一下这个结论），并且应当知道 4 阶群只有两个：如果有 4 阶元素便是 4 阶循环群，否则为两个 2 阶循环群的直积。于是，非交换群的阶至少为 6。接下来他应当知道 6 阶非交换群的例子：正三角形的对称群 D_3 或者 3 个元素的置换群 S_3。还应当知道这两个群是同构的（将正三角形的变换看成是三个顶点的置换)。最后问:6 阶非交换群本质上是否只有一个?他应当能够证明:任何 6 阶非交换群均同构于 S_3,从而是唯一的。根据问题的不断深入,可以判别学生对于群的认知和感受程度。

对于环论,主要讲述交换环,特别是整环(即无零因子的交换环)。要知道主理想整环和唯一因子分解整环的典型例子。主理想整环的典型例子为整数环 $\mathbb{Z}$ 和域 F 上的多项式环 $F[x]$。主理想整环都是唯一因子分解整环,但反之不然。根据高斯的一个引理,如果 R 是唯一因子分解整环,则 $R[x]$ 亦然。所以 $\mathbb{Z}[x]$ 和 $F[x_1,x_2]$ 都是唯一因子分解整环,但都不是主理想整环(给出它们的一个非主理想的例子!)。要知道主理想整环的另一个例子:高斯整数环 $\mathbb{Z}[\sqrt{-1}]$,以及高斯为什么对研究这类环 $\mathbb{Z}[\sqrt{d}](d\in\mathbb{Z})$ 的唯一因子分解特性感兴趣(研究不定方程 $x^2+y^2=n$ 的整数解 (x,y)),以显示研究这类整环的实际背景。最好还能知道 $\mathbb{Z}[\sqrt{-5}]$ 或者 $\mathbb{Z}[\sqrt{-6}]$ 没有唯一因子分解特性(6 在 $\mathbb{Z}[\sqrt{-5}]$ 中有两种本质不同的方式表成不可约元素的乘积:$6=2\times 3=(1+\sqrt{-5})(1-\sqrt{-5})$)。正是高斯和后人对于这种没有唯一因子性质的整环进行更为深入的研究,发展了数论,产生了数论的一个新的分支:代数数论。

对于域论,要知道域的代数扩张和超越扩张的区别和典型例子。域 F 的代数扩张典型例子为 $F(\alpha)$,其中 α 为 F 的某个扩域中的元素,并且 α 在 F 上是代数的。而超越扩张的典型为有理函数域 $F(x)$,其中 x 为 F 上的超越元素。要知道环 $F[\alpha]$ 和域 $F(\alpha)$ 相等。这是由于环 $F[\alpha]$ 同构于商环 $F[x]/(f(x))$,其中 $f(x)$ 是 α 在 F 上的最小多项式。由于 $f(x)$ 在 $F[x]$ 中不可约,可知 $(f(x))$ 是 $F[x]$ 中的素理想。但是在主理想整环 $F[x]$ 中,非零素理想必是极大理想,所以 $F[x]/(f(x))=F[\alpha]$ 为域,即 $F[\alpha]=F(\alpha)$。这件事当然可以有初等证明方法,但是只有习惯于上述推理,才算学会抽象代数的思考方式。由于学时所限,在讲述抽象代数课的时候,群论占了几乎一半的课时,而域论往往讲得不充分,没有时间涉及域的伽罗瓦理论,这是很可惜的。应当介绍伽罗瓦扩张的基本定理,可以不讲证明,但是要举一些例子。比如说,如何用伽罗瓦扩张基本定理给出三次和四次一般方程的根式求解公式,并说明五次一般方程为什么没有根式求解公式。这些是抽象代数的根源,并且基本定理本身也是一个十分漂亮的结果,反映群和域之间深刻的联系。又比如说,如何用基本定理来证明用尺规不能把任意角三等分,以及高斯完全解决了哪些正多边形可以用尺规作出来。在高斯的 1801 年名著《数论探究》中,关于正多边形的尺规作图占了很大篇幅。这些例子表明:除了实际应用的需求之外,数学内部自身的完善也是数学发展的重要动力。

2 抽象代数课是一门“功夫”。它不单纯是记住群环域的定义和知道一些结论,而是要深刻理解这些结论的含义和推导中的思考方式。从一开始就要训练逻辑推理的严格性。

举一个最简单的例子：证明含幺半群的所有可逆元（对于半群中的运算）形成群。看到这个问题，学生应当想到初等数论中一个典型的具体例子：模 $m(m \geqslant 2)$ 同余类集合 $\mathbb{Z}_m$ 对于乘法是一个含幺半群，它的可逆元全体形成 $\varphi(m)$ 阶乘法群，其中 $\varphi(m)$ 是欧拉函数。有不少同学认为这个习题几乎是不用证明的：含幺半群和群的区别就在于半群中的元素不一定可逆。现在把可逆元放在一起，不就自然形成群嘛！事实上，要证明的事情是很多的。以 M^* 表示含幺半群 M 的所有可逆元构成的集合，根据群的定义，为了确认 M^* 是群，我们需要证明：（A）M 中的运算也是 M^* 中的运算，换句话说，若 $a, b \in M^*$，即 a 和 b 是 M 中可逆元，要证 $ab \in M^*$，即要证 ab 也是 M 中可逆元。证明是容易的，因为 $b^{-1}a^{-1}$ 为 ab 的逆元素。（B）M^* 中运算满足结合律，这确实是显然的，因为运算在 M 中满足结合律，在子集合 M^* 中当然也是如此。（C）M^* 中有幺元素，即 $1 \in M^*$，这也是显然的。（D）M^* 中每个元素 a 是 M^* 中的可逆元素。由 $a \in M^*$ 知 a 在 M 中有可逆元素 a^{-1}。问题是要证 $a^{-1} \in M^*$，即要证 a^{-1} 也是 M 中可逆元素。证明也是容易的，a 为 a^{-1} 的逆元素。总之，这个问题的证明并不难，而在于弄清楚需要证明什么。这种严密的逻辑思维训练对于学习数学（甚至对日常生活中的思考）是非常重要的。

前面说过，用不同对象之间的联系来研究对象是抽象代数的重要方法，这种联系要和代数结构的运算相容，即是群之间或环之间的同态。给定两个群之间的一个映射 φ，要同学判定它是否为群的同态，这种问题的价值不大。给定一个群 G，要同学自己选择适当的群 G' 和群同态 $\varphi: G \to G'$，根据同态定理，利用 φ 的像与核来研究 G 的结构，这才是培养同学的抽象代数能力。这里再举一个简单的例子：证明 $N = 2m$ 阶群 G（m 为奇数）必有指数为 2 的正规子群。以 S_N 表示 G 的 N 个元素上的全部置换组成的群。定义映射 $\varphi: G \to S_N$，其中对每个 $g \in G$，$\varphi(g)$ 是 S_N 中的置换，它把 G 中每个元素 a 变成 ga。验证 φ 是群的同态，并且是单同态。从而 G 同构于 S_N 的子群 $\varphi(G)$，即 G 转化成一个比较具体的置换群 $\varphi(G)$。进而，G 中有 2 阶元素 g（由于 G 的阶 N 为偶数，1 等于它的逆，可知还有元素 g 等于它的逆，即 g 是 2 阶元素）。$\varphi(g)$ 把 a 变成 $ga(\neq a)$，又把 ga 变成 $g(ga) = a$。所以置换 $\varphi(g)$ 是 G 上的 m 个长为 2 的轮换的乘积，由于 m 为奇数，$\varphi(g)$ 为奇置换。于是 $\varphi(g)$ 中全部偶置换形成 $\varphi(G)$ 中指数为 2 的子群 H。由于 G 和 $\varphi(G)$ 同构，可知 $\varphi^{-1}(H)$ 就是 G 中指数为 2 的子群，并且指数为 2 的子群一定是正规子群。

抽象代数学到后期，要使同学具有综合使用各种代数结构的能力。一个典型的习题是：证明域 F 中有限乘法子群 G 都是循环群。（特别若 F 是有

限域，则 F 中所有非零元素组成的乘法群是循环群。当 F 是素数 p 阶的有限域时，这个事实是同学在初等数论中所熟悉的例子：模 p 存在原根。）证明中需要综合利用群、环和域的性质：设 $|G| = N = p_1^{a_1}\cdots p_s^{a_s}$，其中 $p_1,\cdots,p_s$ 为不同的素数，$a_i \geqslant 1(1 \leqslant i \leqslant s)$。证明方程 $x^{p_i^{a_i}} - 1 = 0$ 在域 F 中没有重根，并且全部 $p_i^{a_i}$ 个不同的根都在 G 之中。再类似考虑方程 $x^{p_i^{a_i-1}} - 1 = 0$，可知 G 中存在 $p_i^{a_i}$ 阶元素 $g_i(1 \leqslant i \leqslant s)$。而 $g = g_1g_2\cdots g_s$ 就是 G 中 $p_1^{a_1}\cdots p_s^{a_s} = N$ 阶元素。从而 G 是由 g 生成的循环群。有学生学到域论时曾经问：既然群和环的同态定理是重要的，为什么域之间不讲同态定理？这是一个很好的问题。对于域之间的同态 $\varphi: K \to K', \varphi$ 的核 $\ker(\varphi)$ 是 K 的理想。但是域 K 只有两个理想：(0) 和 K。对于前者，φ 是单射，从而 K 同构于 K' 的子域 $\varphi(K)$。对于后者，φ 把 K 中每个元素均映成 0。所以，关于域之间的同态太简单了，不足以称之为定理。

前面说过，抽象代数是学生感到比较困难的课。换一个角度看，这也是培养学生抽象思维能力的重要场地。有些学生能力得到很大提高，并且喜欢上这种数学，也有同学一直不开窍，但只要达到及格标准，也算完成任务，要允许学生不喜欢你的课。在美国，对于不喜欢的课能够花最少精力学习达到及格标准，被认为是英雄，他用更多的精力去钻研喜爱的课程。在我国，只有门门均优秀的学生才能获得保送研究生资格或者得到某种奖励，而门门俱到的学生将来在某一方面不一定有创新性。这是教育理念上的差异。

3 教材。华罗庚和段学复先生在西南联大和学生研习抽象代数时，采用范德瓦尔登的《近世代数学》教本。1962 年，我在中国科学技术大学有幸听到万哲先和曾肯成讲抽象代数课，采用的仍是范德瓦尔登的书（中译本），不过原书再版时书名已去掉“近世（modern）”而简称为《代数学》，说明抽象代数已经成为很基础的课程，不那么“摩登”了。20 世纪 70 年代，我在中国科学技术大学开始讲授抽象代数，后来陆续有李尚志、查建国和章璞加入，形成一个热心于抽象代数教学的集体，相互交流教学经验，在教学基础上合作写过《近世代数引论》的讲义，于中国科学技术大学出版社 1988 年出版，2002 年再版，主要为在中科大教学所用，教学中遇到的一个问题是习题偏难。目前国内已有多种抽象代数教材，适合于各种层次的学生。有的教材还加上在编码等方面的应用部分，都是好的尝试。最近我和廖群英写了一本《抽象代数释义》（机械工业出版社，2009 年），用一些例题为线索，对于抽象代数的理解（它的根源、本质内容以及在组合设计和通信中的某些应用）做了一些发挥。

总体来说，这门课对于培养一部分学生走向代数教学和研究道路，或者在将来工作中采用代数的方法和工具，起了重要的作用。但是和分析课程相比，目前代数（以及几何）课程在大学的比重一直较少。抽象代数没有后续课程，不少同学在学完之后，抽象代数知识得不到复习和使用，几乎忘掉了。最好在大学高年级有一个选修课，讲授抽象代数进一步知识（如伽罗瓦理论和模论等），以利于喜欢代数的学生进一步深造。

数学文化课的理念与实践

顾　沛

数学文化课程近十年在我国高校兴起，现在已有二百余所高校开设了数学文化类型的课程，表现出该课程强大的生命力。南开大学 2001 年 2 月起开设“数学文化”课，在全国是较早的，至今已经连续开设十一年。

本文回顾十一年以来的南开大学“数学文化”课，记载史实，总结经验，探索此类数学公共选修课中的教学规律。

南开大学“数学文化”课的开设

1　“数学文化”课的由来

20 世纪 90 年代，“大学生文化素质教育”成为高校素质教育的切入点和突破口；1999 年教育部在全国批准建立了 32 个“国家大学生文化素质教育基地”，南开大学是其中之一。从那时起，南开大学教务处要求每个专业至少开出两门校公共选修课（有些高校也称“通识课程”），以配合“文化素质教育基地”的建设。那时，笔者正在担任南开大学数学科学学院主管教学的副院长，我院当时有三个专业，因此至少应该开出六门这样的校公选课。我在全院教师中进行动员，并且自己带头申报一门此类课程，经过一番努力，组织申报了六门此类课程。但是没有想到，2000 年学生选课时，由于这些课程名称不太通俗，虽然它们是校公共选修课，但是学生普遍误以为课程难度大，不易及格，因此不敢贸然选修我院准备开设的这些校公选课，以至选课人数大多未达到规定的最低开课人数，从而不能开出。这给我们很大的震动，因为我们设计的那些课程其实并不像学生想象得那么难以通过；问题可能出在课程名称上！于是半年以后，我们就考虑把课程名称通俗化，例如采用“我们身边的数学”、“数学的魅力”、“数学史与数学思想”或者“生活中的数学思想方法”这样的课名。正在这时，我从其他地方看到了“数学文化”一词，直觉地感到，这个词既通俗又深刻，而且内涵宽泛、丰富，又与“文化素质教育”一词相合，还比较简短、文雅、庄重；如果用“数学文化”作为课程名称，以浅显的知识为载体讲授数学思想，也许能够吸引和稳住选课的学生。事实果然如此，“数学文化”课的选课人数达到了我们的预期。2001 年 2 月，我们首次开设了两个班的校公共选修课——“数学文化”。让我们高兴的是，这个课开出后受到学生的广泛欢迎。

2 “数学文化”课的初步设计

南开大学开设“数学文化”课，除了为配合大学生文化素质教育基地的建设外，还基于下面一些考虑。虽然那时南开大学的文理科所有专业都已经开设了“高等数学”必修课，但是一般的数学课，由于种种原因，常常采取重结论不重证明、重计算不重推理、重知识不重思想的讲授方法。学生为了应付考试，也常以“类型题”的方式去学习、去复习。对于数学课时较少的文科专业，虽然较好的学生也能掌握不少高等数学知识，但是在数学素养（也即数学素质）的提高上收效不大。而数学基础较差的那些学生，只能照葫芦画瓢，勉强应付考试，谈不到真正的理解和掌握，更谈不到数学素质的提高。即使是“高等数学”课时较多的理工科专业，由于教师多半以讲授数学知识及其应用为主，对于数学在思想、精神及人文方面的一些内容，很少涉及，甚至连数学史、数学家、数学观点、数学思维、数学方法这样一些基本的数学文化内容，也只是个别教师在讲课中零星地提到一些。因此，一个大学生，虽然从小学、中学到大学，学了多年的数学课，但大多数学生仍然对数学的思想、精神了解得较肤浅，对数学的宏观认识和总体把握较差。而这些数学素养，反而是数学让人终生受益的精华。所以我们觉得，开设“数学文化”课，无论对文科学生还是对理工科学生，都会是有益的。于是，南开大学确定该课程面向全校所有专业的学生，共讲授 17 周，34 课时，记 2 个学分；它的主要任务，是传授数学的思想、精神和方法，是探讨数学与人文的交叉，既提高学生的数学素质，也提高学生的文化素质和思想素质。

南开大学“数学文化”课的发展

1 对“数学文化”内涵的再认识

前面说到，“数学文化”一词最近十年才用得多起来；其实，数学与人类文化本来就有着密切的关系。

数学科学有自己特有的思维模式和推理方式。形式逻辑的原则保证了数学定理的客观性和正确性，体现了“公开、公平、公正”的原则，也排除了在其他某些学科中有时出现的思维混乱。

不了解“形式逻辑原则”的某些所谓“业余数学家”，不时宣布自己解决了某个数学难题，其实，他们或是推理有漏洞，或是加入了主观想象而改变了难题的原意。例如有人说自己解决了“用圆规直尺三等分任意角”的问题。别人告诉他，数学上已经证明这是做不到的。他甚至会反问：“外国人做不到的，为什么我们中国人也一定不能做到?”有些“好心人”也为这些“业余数学家”的论文连审稿也找不到地方而鸣不平，说：“你们看都不看怎么知道其中有错?”这都是因为不了解数学的游戏规则，或者说，不了解数学推理中的“形式逻辑原则”。同时也说明，这些“好心人”自己的数学文化修养不高。

但是，数学中的许多重要思想、概念、方法的形成，除一部分是来源于形式逻辑的思维模式（如欧氏几何和非欧几何），更多的则是来源于外部世界的需求和推动，来源于其他思维模式，例如来源于形象思维和辩证思维的模式。特别是，真正重大的数学创新，往往来自形象思维和辩证思维。例如牛顿、莱布尼茨创立的微积分，是重大的数学创新，它起初就缺乏严格的形式逻辑的基础，“无穷小量”的概念甚至是粗糙混乱的。直至后来建立了严格的极限理论和实数理论，才符合了形式逻辑原则，成长为成熟的数学。所以，形象思维、逻辑思维和辩证思维，几者都不能偏废，这里面的思想、精神和方法，也含有丰富的数学文化。

至于“数学文化”课程中的“数学文化”一词的内涵，我们有下面的解释：狭义的“数学文化”，是指数学的思想、精神、方法、观点、语言，以及它们的形成和发展；广义的“数学文化”，则除上述内涵以外，还包含数学史、数学家、数学美、数学教育、数学与人文的交叉、数学与各种文化的关系，等等。

2 对“数学素养”内涵的再认识

我们认为，数学不仅是一种重要的“工具”，也是一种思维模式，即“数学方式的理性思维”；数学不仅是一门科学，也是一种文化，即“数学文化”；数学不仅是一些知识，也是一种素质，即“数学素质”。

这里再次提及的“数学素质”，也是“数学素养”的另一种表述，其通俗说法，就是把所学的数学知识都排除或忘掉后，剩下的东西。

“数学素养”的专业说法，摘自教育部数学指导委员会的一个文件，表述为：主动探寻并善于抓住数学问题的背景和本质的素养；熟练地用准确、简明、规范的数学语言表达自己数学思想的素养；具有良好的科学态度和创新精神，合理地提出新思想、新概念、新方法的素养；对各种问题以“数学方式”的理性思维，从多角度探寻解决问题的方法的素养；善于对现实世界中的现象和过程进行合理的简化和量化，建立数学模型的素养。

数学素养不是与生俱来的，是在学习和实践中培养的。教师在数学教学中，不但要向学生传授数学知识，更要让学生体会数学知识中蕴涵的数学文化，了解“数学方式的理性思维”，提高学生的数学素养。无论必修课还是选修课，所有的数学课都应该如此；在目前大多数数学课尚未达到这一要求的情况下，以教授数学思想、精神为中心的数学文化课程就更加重要。

3 数学家的多方支持

南开大学数学文化课的开设，是我校教务处推动的；开设以后曾经多次向陈省身先生汇报，得到陈先生的支持和指导。陈省身先生非常重视数学科普，并且在 2003 年拿出大量时间和精力，亲自策划、亲自设计，自己出资印刷发行了 2004 年的《数学之美》挂历。笔者也有幸参与了该数学挂历的设计工作，并拟出了其中四个月的挂历草图交给了陈先生。这些思路和做法，都是与数学文化课相通的、一致的。在陈先生与笔者交谈中涉及的部分内容，后来也成为南开大学数学文化课的内容。

20 世纪 90 年代和 21 世纪初我们邀请一些数学家在南开大学做面向本科生的通俗讲座，如陈省身先生的“近五十年的数学”、丘成桐先生的“简说整体微分几何”、吴文俊先生的“数学机械化”等众多讲座，都为南开大学数学文化课提供了丰富的营养和榜样。

近年来张景中先生的《数学家的眼光》等数学科普著作、李大潜先生主编的《数学文化小丛书》，也成为我们数学文化课的优秀参考书。

所以，南开大学数学文化课的发展和成长，顺应了许多数学家的思路，也离不开众多数学家的关心和支持。

4 “数学文化”课的教学大纲

南开大学选修“数学文化”课程的，文理科的学生都有，一至四年级的学生都有。我们对该课程的选材原则是，第一，以数学史、数学问题、数学知识为载体，介绍数学思想、数学方法、数学精神；第二，涉及的数学知识不要过深，以能讲清数学思想为准，使各专业的学生都能听懂，都有收获；第三，开阔眼界，纵横兼顾，对于数学的历史、现状和未来，都要有所介绍，对于数学与人文的各种关系，都要有所涉及。总之，选材要贯彻素质教育的思想，要注意科学精神与人文精神的交叉与融合。

在南开大学“数学文化”课的十七轮讲授中（其中有六年春季、秋季均开课），我们先后实践了两种不同的教学大纲。第一种是希望比较系统地讲授数学的思想和方法，比较系统地讲授数学史中的重大事件和重要人物，比较系统地讲授数学中的美，比较系统地讲授数学与其他文化的关系。结果发现两个问题：一是由于课时少，为求“系统”便差不多仅剩骨架了，许多有血有肉的内容不得不忍痛割爱了；二是过于理论化的讲课，减少了生动活泼的趣味性，从而也影响了教学效果。此后，我们从选材思路上作了根本的调整，不再过多地追求系统性，于是有了后来的第二种教学大纲。现在的教学大纲，就是在这第二种教学大纲的基础上修订而成的，除第一章“概论”，仍然粗略地保持了某种系统性，以让学生对数学文化有一个概括的了解；其他三章的标题分别是：若干数学问题中的数学文化，若干数学典故中的数学文化，若干数学观点中的数学文化；其中的各节内容，基本上是互不相关的，每节都可以独立成篇。从课程每一节的角度看数学文化是不系统的，但它们的总和又体现了数学文化的系统性。更重要的是，这种安排，论点集中，论据充分，并且有血有肉，既有知识性，又有思想性，还有趣味性和应用性。实践表明，这种讲法取得了更好的教学效果。

5 “数学文化”课的教材建设

南开大学起初是在一无教材、二无大纲的情况下开设该课程的（以张楚廷著《数学文化》为参考书），后来在教学实践中逐步积累、改进，先后形成了两种胶印本讲义，在此基础上又进一步加工写成《数学文化》教材，2008 年 6 月由高等教育出版社出版。

南开大学“数学文化”课程的网页 http://202.113.29.5/sxwh/ 上，有“数学文化”课教学的全套课件和全程录像，还有大量与《数学文化》教材配套的教学资源可供参考。

南开大学“数学文化”课中的素质教育举例

“数学文化”课程虽以深浅适当的知识为载体，却不是以讲授数学知识为中心，而是以讲授数学思想为中心，以启发和提升学生的数学素养为中心。至于作为载体的知识，可以选得通俗易懂，能说明问题就行。这也适应了听课学生数学基础参差不齐的状况。

下边用“数学文化”课中的一个教学实例，来说明在“数学文化”课中如何用适当的数学知识为载体，进行数学素质的教育；同时说明如何进行启发式教学和师生互动。

例：“数学抽象”——“哥尼斯堡七桥问题”的教学

“抽象”的观点，是数学中一个基本的观点；“抽象”的手段，是数学中一个有效的手段；“抽象”，是数学的武器，是数学的优势。但是，许多学生却因数学的抽象而觉得枯燥，因数学的抽象而觉得难学；对此，我们的数学教学、特别是基础教育的数学教学负有不可推卸的责任。“数学文化”课应该扭转学生的这一误解，还“数学抽象”以其本来的面貌和地位。为此，我们设计了这样一节，举“哥尼斯堡七桥问题”作例子，解决该问题时用“抽象”为手段，让学生融入其中，一起探索，效果很好。

哥尼斯堡是欧洲一座美丽的城市，有一条河流经该市，河中有两个小岛，岛与两岸间、岛与岛间有七座桥相连（如图）。人们晚饭后沿河散步时，常常走过小桥来到岛上，或到对岸。一天，有人提议“不重复地走遍这七座桥”，看看谁能先找到一条路线。这引起许多人的兴趣，但尝试的结果，没有一个人能够做到；不是少走了一座桥，就是重复走了一座桥。多次尝试失败后，有人写信求教于当时的大数学家欧拉。这是一个全新的问题，不但与当时已有的任何数学问题都不同，甚至难以借鉴当时已有的任何数学理论。正是依靠“数学抽象”这一武器，欧拉解决了这个全新的问题。欧拉思考后，认为问题与岛、岸和桥的大小、形状都没有关系，而主要与它们的相互位置有关，所以他首先把岛和岸都抽象成“点”，把桥抽象成线，就得到由一些点和线构成的图形（如图）。然后欧拉把该问题抽象成“一笔画问题”：笔尖不离开纸面，一笔画出给定图形，不允许重复任何一条线，这简称为“一笔画”。需要解决的问题是：找到“一个图形可以一笔画”的充分必要条件，并且对可以“一笔画”的图形，给出“一笔画”的方法。

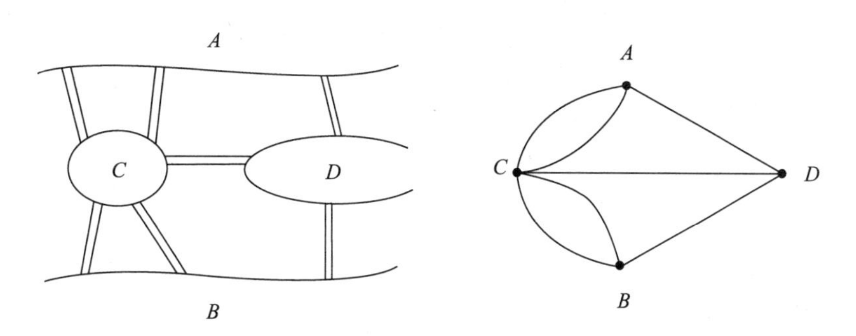

上述把实际问题抽象为“一笔画问题”的过程，为节省时间也可以由教师讲解；要让学生体会到，把岛和岸都抽象成“点”，把桥抽象成线，既简化了问题的条件，又突出了问题的本质。下面欧拉解决问题的过程，则可以让学生融入其中，一起探索。

首先告诉学生，欧拉把图形上的点分成了两类；请学生考虑分成哪两类。如果 2 分钟后还没有学生举手，教师可以再用一句话作启发：“注意到每个点都是若干条线的端点，能否由此想出把点分为两类的方法？”或者再加上“线的条数是不是都是整数”，引导学生把问题转换为“对整数分类”，以至还可带有重音地点拨："分为'两'类。"不久就会有学生想到，整数要分成两类，偶数和奇数就是两类；可以按进出某点的线为偶数或奇数，来对点分类。教师随即加以肯定，并给出相关的定义：如果以某点为端点的线有偶数条，就称此点为偶结点；如果以某点为端点的线有奇数条，就称此点为奇结点。

其次，教师再发问："为了'一笔画'成功，图中的偶结点多一些好，还是奇结点多一些好？"以至还可点拨："要想不重复地一笔画出一个图形，那么除去起始点和终止点两个点外，其余每个点，如果画进去一条线，就一定要画出来一条线。"（"从而都必须是偶结点"一句故意隐去不说，以给学生留有思考的空间）很快就会有学生举手回答："偶结点多一些好，奇结点少一些好。"

再次，教师进一步发问："奇结点少一些好，正确！那么，少到几个才行？"于是，结论"图形中的奇结点不多于两个（起点和终点）"，就呼之欲出了。

然后再组织学生讨论"一笔画"的充分必要条件。这样，学生就和数学家欧拉一样，以"抽象"为手段，探索得出了"连通的图形可以一笔画的充分必要条件"：图形中的奇结点不多于两个。再由此反观哥尼斯堡七桥问题，图形中有四个奇结点（如图），因此该图形不能一笔画。难怪对于"不重复地走遍七座桥"的游戏，所有的尝试都失败了。

这里，学生作为主体融入解决问题的过程当中，与主人公欧拉同思考，共探索，完成了数学抽象的全过程，也提高了学习研究的兴趣。其中，教师的点拨作用，是必要的、重要的。课堂上还可以介绍欧拉由此在彼得堡科学院上的论文和演讲，并说明"七桥问题"的解决开创了图论和拓扑学的先河。

启发式教学，讨论式教学，研究性教学，探索性教学，都是在实践中行之有效的教学方法。它们在提法上侧重点不同，而共同的核心都是：在教学中以学生为中心，以人为本，以调动学生自身的学习主动性、积极性为手段，以提高学生的学习兴趣、学习能力、创新意识为宗旨，在启迪学生潜能、激发学生思维的过程中传授知识与技能。这样，不但获取知识与能力对学生是一种提高，参与研究性学习的过程本身对学生也是一种提高。"数学文化"课的教学，正在努力实践这样一种启发式教学的理念。

在本文即将结束的时候，读者可能会想：为什么数学文化类型的课程近些年在许多高校会受到欢迎，受到重视？我们觉得可能有两个原因：一是素质教育的思想逐渐深入人心，使得许多教师和学生越来越重视数学素质的培养；二是目前的许多数学课程在培养学生的数学素养上还有所欠缺，所以数学文化课程应运而生。

南开大学的"数学文化"课虽然已经走过十一个年头了，但是这个课程还是新生事物，可能还有很多缺点和不足，希望大家关心它，扶助它成长。

参考文献

[1] 周远清. 在更高水平上推进文化素质教育［J］. 中国大学教学，北京：高等教育出版社，2002（1）.

[2] 李大潜. 数学科学与数学教育刍议［J］. 中国大学教学，北京：高等教育出版社，2004（4）.

[3] 丘成桐. 数学与中国文学［J］. 中国大学教学，北京：高等教育出版社，2005（9）.

[4] 张景中. 数学家的眼光［J］. 高等数学研究，西安：西北工业大学，2008（6）.

[5] 李大潜. 数学文化与数学教养［M］. 数学文化课程建设的探索与实践，北京：高等教育出版社，2009.

[6] 顾沛. 南开大学开设“数学文化”课的做法［J］. 大学数学，教育部数学与统计学教学指导委员会和高教出版社等单位合办，2003（2）.

[7] 顾沛. “数学文化”课与大学生文化素质教育［J］. 中国大学教学，北京：高等教育出版社，2007（4）.

数学科学

数论中的基本算法（II）

Joe Buhler 和 Stan Wagon

译者：王　元

校订者：冯克勤

欧氏算法

在“数论中的基本算法（I）”中给出的欧氏算法是算法思想的一个非常丰富的源泉，并且可以看作是现代著名算法的一个特例，包括 Hermite 标准型算法，格基约化算法以及 Gröbner 基算法。

整数 a 与 b 的最大公因子 d 是满足 $d\mathbb{Z}=a\mathbb{Z}+b\mathbb{Z}$ 的唯一非负整数。这里 $d\mathbb{Z}$ 表示整数环中包含所有 d 的倍数的主理想，并且 $a\mathbb{Z}+b\mathbb{Z}:=\{ax+by:x,y\in\mathbb{Z}\}$。欲证明 d 存在，只要考虑非零的 a 与 b 即可，其中 d 可以取作 $a\mathbb{Z}+b\mathbb{Z}$ 中的最小正元素。事实上，如果 $z=ax+by$ 是 $a\mathbb{Z}+b\mathbb{Z}$ 中一个任意元素，则 $z=qd+r$，此处 $r\equiv z \mod d$，所以 $0\leqslant r<d$。由于 $r=z-qd$ 是 $a\mathbb{Z}+b\mathbb{Z}$ 的一个非负元素，从而 $r=0$，即 z 是 d 的一个倍数。

这证明了对于非零 a 与 b，最大公因子 $d=\gcd(a,b)$ 是 a 与 b 整线性组合的最小正整数。此外，d 是同时整除 a 与 b 的最大整数，且为被所有其他因子整除的唯一的正因子。进而言之，它可以被正整数 a 与 b 的素因子分解式来描述：

$$\gcd(a,b)=\prod_p p^{\min(a_p,b_p)},\quad \text{如果 } a=\prod_p p^{a_p}, b=\prod_p p^{b_p}。$$

关于最大公因子希腊人更乐于使用下面的几何定义：如果 $a>b>0$，则考虑一个长为 a、宽为 b 的矩形。从矩形的一端移去 $b\times b$ 正方形。连续移去最大的子正方形（正方形的边为矩形的一边），直到剩下的矩形为一个正方形。剩下的正方形之边长就是 a 与 b 的“测度的公共单位”，即它们的最大公因子。

例如，若 $a=73, b=31$，则移去两个最大子正方形后留下一个 11×31 矩形，再从中移去两个最大的正方形后剩下一个 11×9 矩形，移去一个最大的子正方形后，剩下一个 2×9 矩形，移去四个最大的子正方形后，剩下一个 2×1 矩形，再移去一个最大的子正方形后，剩下一个单位正方形。

这个程序对于任何实数的推演，引出了一个连分数的概念；这个过程对于 $a \times b$ 矩形中止当且仅当 a/b 是一个有理数。

拓广的欧氏算法

在欧氏算法的许多应用中，恒等式 $a\mathbb{Z} + b\mathbb{Z} = d\mathbb{Z}$ 需要弄明确；即除了寻求 d 之外，x 与 y 亦必须找到。欲做这件事，拓广的欧氏算法即可满足。

拓广的欧氏算法（EEA）

输入： 正整数 a 与 b

输出： x, y, z，此处 $z = \gcd(a, b)$ 且 $z = ax + by$

$\{X, Y, Z\} := \{1, 0, a\}$

$\{x, y, z\} := \{0, 1, b\}$

当 $z > 0$

$q := \lfloor Z/z \rfloor$

$\{X, Y, Z, x, y, z\} := \{x, y, z, X - qx, Y - qy, Z - qz\}$

返回 X, Y, Z

简单的代数表明在每一步

$$aX + bY = Z, \quad ax + by = z, \tag{3.1}$$

所以三元组 (X, Y, Z) 为理想 $a\mathbb{Z} + b\mathbb{Z}$ 的元素的编码。进而言之，$Z - gz \equiv Z \bmod z$，所以 Z 值复述了通常的欧氏算法。

在输入 $a = 73$ 与 $b = 31$ 后，算法的执行过程见下列表，此处每一行描述了得到相应 q 值时当时各参数的状态。

X	Y	Z	x	y	z	q
1	0	73	0	1	31	2
0	1	31	1	−2	11	2
1	−2	11	−2	5	9	1
−2	5	9	3	−7	2	4
3	−7	2	−14	33	1	2
−14	33	1	31	−73	0	

因此 $\gcd(73, 31) = 1$ 及 $(-14) \cdot 73 + 33 \cdot 31 = 1$。

读者应注意，从第三行开始，X 与 Y 符号相反，且在后续的行中，它们的绝对值是递增的。不难验证（对于正的 a 与 b），这总是成立的。

这个算法的运行时间是什么？可以证明所需的算术运算次数与输入值

的大小呈线性关系。推导的想法如下。当商 q 总是 1 时，所需的迭代次数最大。通过归纳推导表明，如果该假设成立，且这个环路需要 n 次迭代，则 $a \geqslant F_{n+2}, b \geqslant F_{n+1}$，此处 F_n 表示第 n 个 Fibonacci 数 $(F_1 = F_2 = 1, F_{n+1} = F_n + F_{n-1})$。另一方面，起始于 $a = F_{n+1}, b = F_n$ 的欧氏算法需 n 步。利用 $F_n = O(\phi^n), \phi = (1+\sqrt{5})/2$ 可得所需的 $n = O(\log a)$。利用算法过程中整数的大小递减这个事实可知，比特复杂性的一个仔细计算证明了比特复杂性是 $O(\log^2 a)$。

利用这个机会，将欧氏算法用 2×2 矩阵表示出来是有用的。令矩阵

$$M := \begin{bmatrix} X & Y \\ x & y \end{bmatrix}$$

对应于上表中的一行：X, Y, Z, x, y, z, q。则由（3.1）得

$$M\begin{bmatrix} a \\ b \end{bmatrix} = \begin{bmatrix} Z \\ z \end{bmatrix}。$$

下一行的矩阵 M' 满足

$$M' = \begin{bmatrix} 0 & 1 \\ 1 & -q \end{bmatrix} M。$$

利用这个特定方法迭代可得

$$\begin{bmatrix} 1 \\ 0 \end{bmatrix} = \begin{bmatrix} 0 & 1 \\ 1 & -2 \end{bmatrix}\begin{bmatrix} 0 & 1 \\ 1 & -4 \end{bmatrix}\begin{bmatrix} 0 & 1 \\ 1 & -1 \end{bmatrix}\begin{bmatrix} 0 & 1 \\ 1 & -2 \end{bmatrix}\begin{bmatrix} 0 & 1 \\ 1 & -2 \end{bmatrix}\begin{bmatrix} 73 \\ 31 \end{bmatrix}, \qquad (3.2)$$

所以欧氏算法可以被解释为一种特殊形式的矩阵的一个 2×2 矩阵乘法系。

拓广的欧氏算法中所有的想法皆可以用于任何交换环中，其中每次作除法后能得到“更小”的余数。例如，一个域 F 上的多项式环 $F[x]$，它允许一个除法算法，使剩余多项式比除数有较小次数。在复数中的 Gauss 整数环 $\mathbb{Z}[i] := \{a+bi : a, b \in \mathbb{Z}\}$ 亦有这个性质，如果绝对值被作为尺度，且我们取环中商为在复数中取商的结果并取整为其最近的 Gauss 整数。

拓广的欧氏算法的一个重要应用为求 $(\mathbb{Z}/n\mathbb{Z})^*$ 中的逆，如果 $\gcd(a,n) = 1$，则拓广的欧氏算法可以被用来求 x, y 满足 $ax + ny = 1$，它导出 $ax \equiv 1 \mod n$ 及 $(a \mod n)^{-1} = x \mod n$。

连分数

一个实数 α 的连分数展开的**部分商**为下面定义的（有限或无限的）序列的项 $a_0, a_1, \cdots$。

一个实数的连分数

输入： 一个实数 α

输出： 一个整数序列 a_i

$\alpha_0 := \alpha$

对于 $i := 0, 1, \cdots$

令 $a_i := \lfloor \alpha_i \rfloor$

停止，如果 $\alpha_i := a_i$

否则令 $\alpha_{i+1} := 1/(\alpha_i - a_i)$

例 1 如果 $\alpha = 73/31$，则部分商为 $2, 2, 1, 4, 2$。如果 $\alpha = \sqrt{11}$，则部分商为无限循环的 $3, 3, 6, 3, 6, 3, 6, \cdots$。

读者应该验证这个程序终止当且仅当 α 是一个有理数。

尽管这是作为算法被写出来，但有几个理由认为这更是一个数学结构，甚于一个算法：（a）它可能不终止，（b）实数不可能被表示为一个适合计算机的有限项，与（c）验证实数相等（在算法上）是困难的。

α_i 与 α_{i+1} 之间的关系可以写成

$$\alpha_i = a_i + \frac{1}{\alpha_{i+1}}。 \tag{3.3}$$

对于 $\alpha = 73/31$，利用这个迭代式给出有限连分数

$$\frac{73}{31} = 2 + \cfrac{1}{2 + \cfrac{1}{1 + \cfrac{1}{4 + \cfrac{1}{2}}}} = [2; 2, 1, 4, 2],$$

此处 $[a_0; a_1, \cdots, a_n]$ 表示部分商为 a_i 的有限连分数的值。一个实数的连分数的值的序列称为连分数的**渐近值**（*convergent*）；例如，73/31 的连分数的渐近值为

$$[2] = 2, \quad [2; 2] = \frac{5}{2}, \quad [2; 2, 1] = \frac{7}{3}, \quad [2; 2, 1, 4] = \frac{33}{14},$$
$$[2; 2, 1, 4, 2] = \frac{73}{31}。$$

周期连分数表示二次无理数 $a + b\sqrt{d}$，此处 a, b, d 为有理数（d 是一个非平方数）。例如 α 表示一个纯粹的周期连分数 $[3; 6, 3, 6, 3, 6, \cdots]$，则

$$\alpha = 3 + \cfrac{1}{6 + \cfrac{1}{\alpha}}。$$

显然，由分数得出 $2\alpha^2-6\alpha-1=0$，所以由 $\alpha>0$ 推出 $\alpha=(3+\sqrt{11})/2$。

命题 14 令 $a_0,a_1,\cdots$ 为一实数序列，其中 $a_i>0,i>0$。我们递归地定义一个实数 $[a_0;a_1,\cdots,a_n,a_{n+1}]$ 如下

$$[a_0;]=a_0,\quad [a_0;a_1,\cdots,a_n,a_{n+1}]=[a_0;a_1,\cdots,a_{n+1}/a_{n+1}]。$$

最后，递归地定义 x_i,y_i：

$$\begin{aligned}x_{-1}&=0,\quad x_0=1,\quad x_{n+1}=a_{n+1}x_n+x_{n-1},\quad n\geqslant 0,\\ y_{-1}&=1,\quad y_0=a_0,\quad y_{n+1}=a_{n+1}y_n+y_{n-1},\quad n\geqslant 0。\end{aligned}\tag{3.4}$$

则对于非负整数 n，

$$y_nx_{n-1}-y_{n-1}x_n=(-1)^{n-1},\quad y_n/x_n=[a_0;a_1,\cdots,a_n]。$$

进而，如果 a_i 为一个实数 α 的连分数的部分商，则整数 x_n 与 y_n 互素，且

$$\alpha=\frac{y_n\alpha_{n+1}+y_{n-1}}{x_n\alpha_{n+1}+x_{n-1}}。\tag{3.5}$$

附记 9 关于渐近值，通常有几种记号；这里选择的是由较短的几何阐述来说明的。

证 一旦 $x_ny_{n-1}-x_{n-1}y_n=(-1)^n$ 被证明了，则 x_n 与 y_n 的互素性就被推知了。这个与其他所有的论断都可以由归纳论证直接导出。例如，对一个给定 n 及任意 a_i；假定 $y_n/x_n=[a_0;a_1,\cdots,a_n]$，则

$$\begin{aligned}\frac{y_{n+1}}{x_{n+1}}&=\frac{a_{n+1}y_n+y_{n-1}}{a_{n+1}x_n+x_{n-1}}=\frac{a_{n+1}(a_ny_{n-1}+y_{n-2})+y_{n-1}}{a_{n+1}(a_nx_{n-1}+x_{n-2})+x_{n-1}}\\ &=\frac{\left(a_n+\dfrac{1}{a_{n+1}}\right)y_{n-1}+y_{n-2}}{\left(a_n+\dfrac{1}{a_{n+1}}\right)x_{n-1}+x_{n-2}}\\ &=\left[a_0;a_1,\cdots,a_n+\frac{1}{a_{n+1}}\right]=[a_0;a_1,\cdots,a_n,a_{n+1}]。\end{aligned}$$

□

与欧氏算法一样，有时将连分数用 2×2 矩阵来表述更方便，例如，定义

$$M_n:=\begin{bmatrix}a_n & 1\\ 1 & 0\end{bmatrix},\quad P_n:=\begin{bmatrix}y_n & y_{n-1}\\ x_n & x_{n-1}\end{bmatrix}\tag{3.6}$$

并注意到（3.4）推出

$$P_n=M_0M_1\cdots M_n,\tag{3.7}$$

仔细观察 73/31 的连分数的渐近值，可知它们就是欧氏算法！用

$$\begin{bmatrix} a & 1 \\ 1 & 0 \end{bmatrix}^{-1} = \begin{bmatrix} 0 & 1 \\ 1 & -a \end{bmatrix}$$

容易验证。实际上，在关系式 $\begin{bmatrix} 73 \\ 31 \end{bmatrix} = P_4 \begin{bmatrix} 1 \\ 0 \end{bmatrix}$ 的左边不停地乘以 M_k^{-1}，即得出较早的拓广的欧氏算法公式（3.2）；进而言之，这个过程反过来也可用来证明拓广的欧氏算法导出一个连分数。

由于 $\det(M_k) = -1$ 与 $\det(P_n) = y_n x_{n-1} - x_n y_{n-1}$，所以乘积公式（3.7）给出命题第一个陈述的另证：

$$y_n x_{n-1} - y_{n-1} x_n = (-1)^{n+1}。\tag{3.8}$$

有理逼近

令 $\alpha, \alpha_n, a_n, y_n, x_n$ 如上节所示。我们要对 y_n/x_n 是 α 的一个好逼近的认识进行量化。将（3.8）除以 $x_n x_{n-1}$ 则得

$$\frac{y_n}{x_n} - \frac{y_{n-1}}{x_{n-1}} = \frac{(-1)^{n+1}}{x_n x_{n-1}}。$$

迭代这个恒等式，并利用 $y_0/x_0 = a_0$，则得到有用的公式

$$\frac{y_n}{x_n} = a_0 + \frac{1}{x_0 x_1} - \frac{1}{x_1 x_2} + \cdots + (-1)^n \frac{1}{x_n x_{n+1}}。\tag{3.9}$$

由于 $x_n = a_n x_{n-1} + x_{n-2}$ 是严格递增的，所以渐近值 y_n/x_n 的序列是收敛的。

定理 15 序列 y_n/x_n 收敛于 α。对于偶数 n，渐近值递增并从下方逼近于 α；对于奇数 n，渐近值递减并从上方逼近于 α。$y_n/x_n - \alpha$ 与 $y_n - x_n\alpha$ 皆交替改变符号，且其绝对值递减。进而言之，

$$\frac{1}{x_{n+2}} < |y_n - \alpha x_n| < \frac{1}{x_{n+1}}。$$

证 由（3.5）可知

$$\begin{aligned} y_n - \alpha x_n &= y_n - \frac{x_n(y_n \alpha_{n+1} + y_{n-1})}{x_n \alpha_{n+1} + x_{n-1}} = \frac{x_{n-1} y_n - x_n y_{n-1}}{x_n \alpha_{n+1} + x_{n-1}} \\ &= \frac{(-1)^{n+1}}{x_n \alpha_{n+1} + x_{n-1}}。\end{aligned}$$

由 $a_{n+1}=\lfloor\alpha_{n+1}\rfloor<\alpha_{n+1}<a_{n+1}+1$ 可知

$$\begin{aligned}x_{n+1}&=x_n a_{n+1}+x_{n-1}<x_n\alpha_{n+1}+x_{n-1}\\&<x_n(a_{n+1}+1)+x_{n-1}=x_{n+1}+x_n\leqslant x_{n+2},\end{aligned}$$

取倒数即得定理中希望得到的不等式，由此立即推出 $\lim y_n/x_n=\alpha$。其他结论则由（3.9）与交错级数的基本性质推出。 □

推论 16 α 的连分数的任何渐近值 y_n/x_n 皆满足 $|y_n/x_n-\alpha|<1/x_n^2$。

形成用有理数对 α 的一个好逼近的概念是方便的。若 (x,y) 是 XY 平面中的一个点，则由 (x,y) 沿垂直线 $X=x$ 至直线 $Y=\alpha X$ 的距离为 $|y-\alpha x|$。如果 x 与 y 互素且 (x,y) 在所有分母最多为 x 的整点中至 $Y=\alpha X$ 有最小的垂直距离，即

$$|y-\alpha x|<|v-u\alpha|\quad \text{对于所有满足 } 0<u<x \text{ 的整数},$$

则称 $(x,y),x>0$ 是 α 的**最佳逼近**。下面定理是说，一个最佳逼近等价于它是一个渐近值，而且它给出对于等价于一个渐近值的有理数的显式不等式。

定理 17 令 α 为一个无理实数及 x,y 为一对互素整数，其中 $x>0$，则下面诸命题等价：

(a) y/x 是 α 的渐近值。

(b) 如果 x' 是 $y \mod x$ 的一个乘法逆元（其含义为 $y'x\equiv 1 \mod x$ 且 $1\leqslant x'<x$），则

$$\frac{-1}{x(2x-x')}<\frac{y}{x}-\alpha<\frac{1}{x(x+x')}。\tag{3.10}$$

(c) y/x 是 α 的一个最佳逼近。

推论 18 若 y/x 是一个有理数满足 $\left|\dfrac{y}{x}-\alpha\right|<\dfrac{1}{2x^2}$，则 y/x 是 α 的一个渐近值。

推论的证明 不失一般性，假定 x 与 y 互素。如果 x' 如定理所述，即 $1\leqslant x'<x$，则 $2x-x'<2x$ 及 $x+x'<2x$。乘以 x 并取倒数则得

$$\frac{-1}{x(2x-x')}<\frac{-1}{2x^2}<\frac{y}{x}-\alpha<\frac{1}{2x^2}<\frac{1}{x(x+x')},$$

从而由定理立即推出推论。 □

α 的连分数的渐近值决定了平面上的格子点（即整数坐标的点），它们非寻常地接近于直线 $Y=\alpha X$。渐近值在直线旁前后改变，而且每一点 (x,y)

都比小于 x 的所有格点更靠近直线。由于任何最佳逼近 y_n/x_n 均来自一个渐近值，所以开平行四边形 $\{(x,y):0<x<x_{n+1},|y-\alpha x|<|y_n-\alpha x_n|\}$ 中除去原点外，不含其他格子点。

如果你站在平面的原点并朝 $Y=\alpha X$ 的方向看，则最接近于直线的格点 $(x,y)\in\mathbb{Z}^2$ 交替地出现于直线之两侧，而变得非常地靠近直线。我们很难用图表来说明这一点，这是因为渐近值逼近得那样好，使它们很快地出现在直线上了。在图 1 中，用很大地扭曲了 y 轴上的尺寸来尝试传达这一点；特别地，一个离直线 $Y=\alpha X$ 距离为 d 的点被展示于一个与 $d^{2/5}$ 成比例的距离。在这张图中，α 是黄金比 $\phi=[1;1,1,\cdots]$，而渐近值的坐标 (F_n,F_{n+1}) 为连续的 Fibonacci 数。（这张图表明了一个事实，这是由 Bill Casselman 引起我们注意的，即读者可能乐于去证明：偶渐近值 (x_n,y_n) 为位于直线 $Y=\alpha X$ 下面的整数格点的凸包的顶点，奇数渐近值为直线上面的整数格点的凸包。）

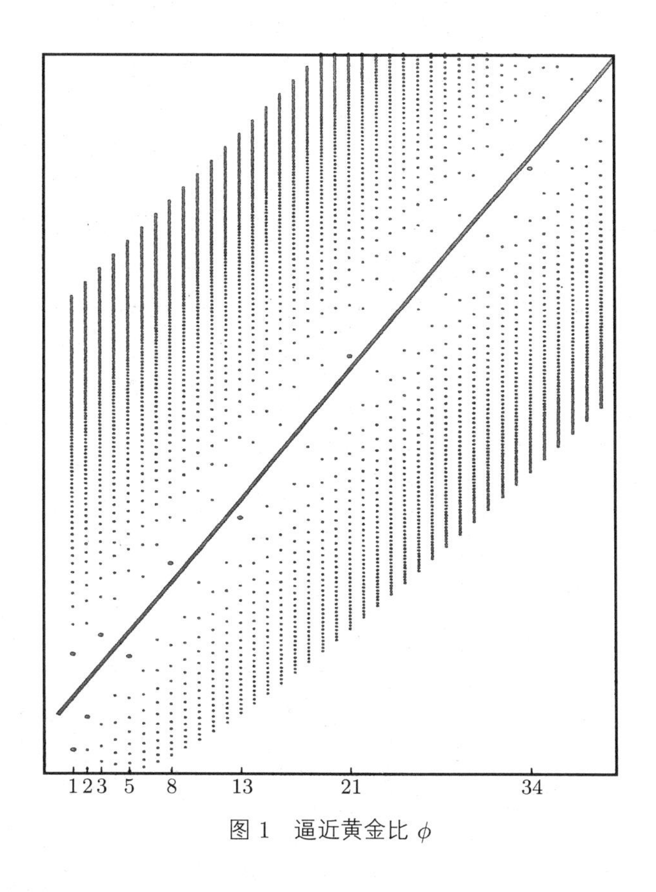

图 1　逼近黄金比 ϕ

在证明定理 17 之前，先给出一条引理。

引理 19　令 x,x',y,y' 为满足 $yx'-y'x=\pm1$ 的整数，且令 α 位于 y/x 与 y'/x' 之间。则由直线 $X=x,X=x'$，过 (x,y) 斜率为 α 的直线，与过

(x', y') 斜率为 α 的直线所构成的平行四边形内部没有零点。

引理的证明 为了确定想法，我们假定 $0 < x' < x$ 与 $y' - \alpha x' < 0 < y - \alpha x$（任何其他情况都是类似的）。令 (u, v) 为满足 $x' < u < x$ 的一个格点，则 (u, v) 位于所说的平行四边形中当且仅当

$$y' - \alpha x' < v - \alpha u < y - \alpha x。\tag{3.11}$$

条件 $yx' - y'x = \pm 1$ 推出存在整数 r, s 满足

$$u = rx' + sx, \quad v = ry' + sy。$$

由第一个方程推出 r 与 s 非零且有不同符号；从第二个方程减去第一个方程的 α 倍得

$$v - \alpha u = r(y' - \alpha x') + s(y - \alpha x)。$$

由于 $y - \alpha x$ 与 $y' - \alpha x'$ 有不同的符号，所以右端两项有相同的符号。这推出 $|v - \alpha u| \geqslant \max(|y - \alpha x|, |y' - \alpha x'|)$。这与（3.11）相矛盾，从而 (u, v) 不位于平行四边形之中。引理证完。 □

定理 17 的证明 （a）⇒（b），即欲证明渐近值满足不等式（3.10）：假定 $y/x = y_n/x_n$ 为一个渐近值，而 y_{n-1}/x_{n-1} 为它的前一个渐近值。如果 n 为奇数，则 $yx_{n-1} - y_{n-1}x = 1$ 且 $x' = x_{n-1}$。由定理 15 可知

$$0 < y - \alpha x = \frac{1}{x_n \alpha_{n+1} + x_{n-1}} < \frac{1}{x_n + x_{n-1}},$$

所以

$$\frac{-1}{x(2x - x')} < 0 < \frac{y}{x} - \alpha < \frac{1}{x(x + x')},$$

即（3.10）成立。对于偶数的情况是类似的，除非 $y/x - \alpha$ 取负值，$yx_{n-1} - y_{n-1}x = -1$ 需要我们取 $x' = x - y$，而且（b）中左端不等式是非平凡的。

（b）⇒（c），即往证明不等式（3.10）推出 y/x 为一个最佳逼近：假定 $x > 0$，x 与 y 互素，且 y/x 满足这些不等式。假定 (u, v) 为比 (x, y) 更好的一个逼近，则 $0 < u \leqslant x$。于是有两种情况。首先，假定 $y - \alpha x > 0$。选取 x' 与 y' 满足 $yx' - xy' = 1$。由 $y/x - \alpha < 1/(x(x + x'))$ 中减去 $y/x - y'/x' = 1/(xx')$ 得

$$\frac{y'}{x'} - \alpha < \frac{1}{x(x + x')} - \frac{1}{xx'} = \frac{-1}{(x + x')x},\tag{3.12}$$

这证明了 $y' - x'\alpha$ 是负的。引理（的证明）表明形如（3.11）的一个不等式是不可能的。这推出了 (x, y) 是一个最佳逼近。

情况 $y-\alpha x<0$ 是类似的，我们将留给读者去做。

（c）⇒（a）：我们往证如果 (u,v) 不是渐近值，则 u/v 就不是一个最佳逼近。如果 (u,v) 不是一个渐近值，则存在一个 n 满足 $x'=x_{n-1}<u\leqslant x=x_n$。令 $y'=y_{n-1},y=y_n$，于是应用引理，及 (u,v) 不是一个最佳逼近，除了 $u=x_n$，在这种情况下，v/u 不是一个最佳逼近，除非 $v/u=y_n/x_n$。

□

模多项式方程

本节将考虑求解多项式同余式 $f(x)\equiv 0 \mod n$ 的问题，即寻求 $(\mathbb{Z}/n\mathbb{Z})[X]$ 中的多项式的根。我们将逐步地来考虑 n 为一个素数、素数幂或任意正整数的较一般的情形。

方程模素数

寻求多项式模一个素数 p 的整数解问题（本质地）是寻找系数源于 p 个元素的域中的多项式

$$f(X)\in\mathbb{F}_p[X]$$

根的问题。Fermat 小定理是说，$\mathbb{F}_p$ 中每一个元素都是多项式 X^p-X 的一个根；比较次数与首项系数得

$$X^p-X=\prod_{a\in\mathbb{F}_p}(X-a)=\prod_{a=0}^{p-1}(X-a)\in\mathbb{F}_p[X]。$$

因此如果 $f(X)\in\mathbb{F}_p[X]$ 为一个任意多项式，则 $\gcd(f(X),X^p-X)$ 为线性因子 $X-a$ 之积，其中 a 为 f 的一个根。

类似地，$X^{(p-1)/2}=1$ 的根为二次剩余模 p，所以

$$X^{(p-1)/2}-1=\prod_{a\in R_p}(X-a)\in\mathbb{F}_p[X],$$

此处 R_p 表示二次剩余模 p 的集合。这建议了下面寻求 $\mathbb{F}_p[X]$ 中一个多项式的所有根的优美算法。

Cantor–Zassenhaus(f,p)

输入： 一个素数 p 及一个多项式 $f\in\mathbb{F}_p[X]$

输出： f 根的情况

1. $f:=\gcd(f,X^p-X)$

2. 如果 f 次数为 1

   返回 f 的根

3. 在 $\mathbb{F}_p$ 中随机地选择 b

   $g := \gcd(f(X), (X+b)^{(p-1)/2} - 1)$

   如果 $0 < \deg(g) < \deg(f)$ 则

   返回 Cantor−Zassenhaus (g, p)

   $\cup$Cantor−Zassenhaus $(f/g, p)$

   否则，重复步骤 3

由之前的附记可得正确性 —— 在步骤 3，$f(X)$ 为不同的线性因子 $X-a$ 的一个积，然后 g 是所有 $X-a$ 的积，使 $a+b$ 为一个二次剩余。如果 b 是随机的，则我们将期望 f 的线性因子约有一半整除 g。

进而言之，因为对于一个（一般的）$\mathbb{F}_p$ 上的多项式的输入值为 $n\log p$ 及所有运算所需的时间囿于 n 与 $\log p$ 的一个多项式，所以算法取（概率的）多项式时间。

方程模素数幂

其次，我们考虑素数幂。关键的想法是给出一个显式的构造，这归功于 Kurt Hensel，它在充分有利的情况下，允许我们将 $f(x) \equiv 0 \mod p^n$ 的一个解“抬高”至 $\mod p^{2n}$ 的一个解。

可用平方根模素数幂这个例子清楚地阐明这个想法。假定我们找到一个平方根 $a \mod p$，即一个整数 x 满足 $x^2 \equiv a \mod p$。令 $y = (x^2+a)/2x \mod p^2$（由于 $2x$ 是可逆的 $\mod p$，所以它亦是可逆的 $\mod p^2$），则某些代数技巧表明 $y^2 \equiv a \mod p^2$。y 的表示式由微积分中的 Newton 引理得到：

$$y = x - \frac{f(x)}{f'(x)} = x - \frac{x^2-a}{2x} = \frac{x^2+a}{2x}。$$

无论如何，$f(X) = X^2 - a \mod p$ 的一个根 $\mod p$ 已被抬高至一个根 $\mod p^2$。一般性的结论如下。

定理 20（Hensel 定理） 令 p 为一个素数，$f(x) \in \mathbb{Z}[X]$ 为一个整系数多项式，$a \in \mathbb{Z}$ 满足

$$f(a) \equiv 0 \mod p^k, \quad f'(a) \not\equiv 0 \mod p。$$

那么 $b \equiv a - f(a)/f'(a) \mod p^{2k}$ 为唯一的整数 $\mod p^{2k}$ 满足

$$f(b) \equiv 0 \mod p^{2k}, \quad b \equiv a \mod p^k。$$

附记 10　由于 $u = f'(a)$ 与 p 互素，所以它与 p 的任何幂互素，且有一个逆模那个幂，并可以用拓广的欧氏算法来计算。因此定理的公式中的除法是有意义的。逆元模高次幂可以用 Newton 方法（对于有理函数）来求得：由寻求 $f(X) = u - 1/X$ 的根来寻求 u 模素数幂的逆。特别地，如果 $au \equiv 1 \mod p^k$，则 $bu \equiv 1 \mod p^{2k}$，此处 $b = a - f(a)/f'(a) = a(2 - au)$。

证　将 $f(X)$ 换成 $f(X + a)$，所以只需证明 $a = 0$ 时的结果。因此我们试图去找出 $f(X) \equiv 0 \mod p^{2k}$ 的一个根，我们有

$$f(X) = c_0 + c_1X + c_2X^2 + \cdots, \quad c_0 = f(0), \quad c_1 = f'(0)。$$

由假定，$c_0 \equiv 0 \mod p^k$ 且 $c_1 \not\equiv 0 \mod p$。由此推出 $b = -c_0/c_1$ 是唯一的整数模 p^{2k} 满足 $b \equiv 0 \mod p^k$ 及 $f(b) \equiv 0 \mod p^{2k}$，定理证完。　□

读者将发现它指导地去寻求一个平方根，例如，$-11 \mod 3^8$。

上面说的 Hensel 引理的初等形式等价于 p-adic 数中一个更为优美与一般的陈述。因为 p-adic 数（更一般地，非阿基米德局部域）出现在本卷[1)]的稍后，所以我们不解释这个想法。关于更为彻底的处理，见 [Cassels 1986]，[Koblitz 1984] 与 [Serre 1973]。

固定一个素数 p 及一个常数 ρ 满足 $0 < \rho < 1$。由

$$|x|_p = \rho^n$$

可以在有理数域 $\mathbb{Q}$ 上定义一个绝对值，此处 $x = p^n y$，$n = v_p(x)$ 为唯一的整数（正的或负的）使 y 为一个有理数，它的分子与分母都与 p 互素。由惯例，$|0|_p = 0$。

在这个绝对值之下，p 的幂是“小的”。这个绝对值满足“非阿基米德”不等式 $|x + y|_p \leqslant \max(|x|_p, |y|_p)$，它比三角不等式强些。

令 x 与 y 之间的距离为 $|x - y|_p$，则绝对值 $|x|_p$ 赋予有理数域 $\mathbb{Q}$ 以度量空间的结构。这个度量空间的完备化 $\mathbb{Q}_p$ 被称为 *p-adic 数*。可以证明 p-adic 数在域运算与度量至完备化的自然延拓下，是一个局部紧致拓扑域。我们容易见到这个域关于 ρ 的选择是独立的，尽管在代数数论的某些情况下，作出选择 $\rho = 1/p$ 是方便的。

一个 $\mathbb{Q}_p$ 的非零元素 a 可以具体地表示为“p 的 Laurent 级数”，即

$$a = a_k p^k + a_{k+1}p^{k+1} + a_{k+2}p^{k+2} + \cdots,$$

此处 k 是一个整数，数字 a_n 为整数，它位于区间 $0 \leqslant a_n < p$ 之中，$a_k \neq 0$。进而言之，$v_p(a) = k$ 且 $|a| = \rho^k$。在这个 Laurent 表示中，算术运算易于

---

1)指原文发表的文集 Algorithmic Number Theory，MSRI Publications，Volume 44，2008。

想象，设想当 n 非常大时（类似于实数作为十进位展开的通常实现的某种途径）p^n 至少是渐近地非常小。对于 $v_p(a) \geqslant 0$ 的子集是单位圆盘

$$\mathbb{Z}_p\left\{\sum_{n\geqslant 0} a_n p^n\right\} = \{x \in \mathbb{Q}_p : |x|_p \leqslant 1\},$$

它是 $\mathbb{Q}_p$ 的一个子环，称为 p-adic 整数环。

第一次碰到 p-adic 数会认为它有一点独特，但它们美好地捕获了计算“模任意大的 p 之幂”的想法。读者可以通过证明在 $\mathbb{Q}_2$ 中有

$$-1 = 1 + 2 + 2^2 + 2^3 + \cdots,$$

及 $\mathbb{Q}_p$ 中的无穷级数收敛当且仅当它们的项趋于 0 这个事实体会其中的美感。

假定我们有兴趣于 $f(X) \in \mathbb{Z}_p[X]$ 的根（乘以 p 的一个幂，则寻求 $f(X) \in \mathbb{Q}_p[X]$ 的根的问题立刻就归结为 $f(X) \in \mathbb{Z}_p[X]$）。寻找 $f(x) = 0$ 的根 $x = a_0 + a_1 p + a_2 p^2 + \cdots$ 相当于去求解“$f(x) \equiv 0$ 模 p^∞”，而 Hensel 引理可以被翻译成这个陈述，即对于 $x \in \mathbb{Z}/p\mathbb{Z}$ 适合 $|f(x)|_p < \varepsilon$ 及 $|f'(x)| = 1$，存在唯一的一个 $y \in \mathbb{Z}/p\mathbb{Z}$ 使

$$f(y) = 0, \quad |y - x| < \varepsilon。$$

一个更一般形式的 Hensel 引理可以沿用上述方法来证明，它是说，如果 $|f(x)| < |f'(x)|^2$，则存在唯一的 $y \in \mathbb{Z}_p$ 满足 $f(y) = 0, |y - x| < |f(x)/f'(x)^2|$。

寻找根的问题是寻找一个多项式因子的特例，而一个更一般形式的 Hensel 引理保证了在适当情况下，渐近因子可以被抬高至 p-adic 因子。

如果 f 是一个有 p-adic 整数系数的多项式，则令 $f \mod p$ 表示多项式由系数模 p 而得之。

定理 21 假定 $f \in \mathbb{Z}_p[X]$ 模 p 因子分解为 $f = gh \in (\mathbb{Z}/p\mathbb{Z})[x]$，此处 g 与 h 在 $(\mathbb{Z}/p\mathbb{Z})[x]$ 中互素。则有 $\mathbb{Z}_p[X]$ 中唯一的 G 与 H 满足 $f = GH$，且 G 与 H 在 $G \mod p = g$ 与 $H \mod p = h$ 的含义下抬高了 g 与 h。

我们给出定理的一个扼要证明。由于 p-adic 整数被（通常）整数任意接近地逼近，所以只要往证关于整数多项式的陈述即可：如果 $f \in \mathbb{Z}[x]$ 满足 $f \equiv gh \mod p$，此处 g 与 h 互素模 p（即它们在 $\mathbb{F}_p[X]$ 中决定的元素是互素的），则对于任意大的 n，存在整数多项式 G, H，它们同余于 g, h 模 p，并满足 $f \equiv GH \mod p^n$。

欲做的这件事，本质上为同时地抬高 g 与 h 互素这个事情的一个证明书。假定给予整系数多项式 f, g, h, r, s 满足

$$f \equiv gh \mod p^k, \quad rg + sh \equiv 1 \mod p^k,$$

此处 $\deg(r) < \deg(h), \deg(s) < \deg(g)$；我们的目的为寻求 G, H, R, S 满足一个类似的同余式模 p^{2k}。注意，利用 $\mathbb{F}_p$ 上关于多项式的欧氏算法，定理的假定推出对于 $k = 1, r$ 与 s 存在。这一对 r, s 称为 g 与 $h \mod p^k$ 的一个**互素性的证明书**。在证明定理之前，这是有用的，即往证如何利用一个互素性证明书 $\mod p^k$ 去表示任意多项式为 g 与 h 模 p^k 的一个线性组合。

引理 22 如果 $rg + sh \equiv 1 \mod p^k$，则对于所有 $u \in \mathbb{Z}[X]$，皆存在 $A, B \in \mathbb{Z}[X]$ 使

$$Ag + Bh \equiv u \mod p^k。$$

如果 $\deg(u) < \deg(g) + \deg(h)$，则我们可以取 $\deg(A) < \deg(h), \deg(B) < \deg(g)$。

证 用 u 乘假定的方程，则得 $u \equiv rgu + shu = (ru)g + (su)h \mod p^k$，即得第一个陈述。为了验证关于次数的断言，我们需工作得艰苦一些。令 ru 被 h 除后余 A，即 $ru = q_1^{h+A}, \deg(A) < \deg(h)$。类似地，令 B 为 su 被 g 除后的剩余，即 $su = q_2 g + B, \deg(B) < \deg(g)$，则

$$\begin{aligned} Ag + Bh &= (ru - q_1 h)g + (su - q_2 g)h \\ &= (rg + sh)u - (q_1 + q_2)gh \equiv u + Qgh \mod p^k, \end{aligned}$$

此处 $Q = -q_1 - q_2$。由于 gh 是首 1 多项式，其次数为 $\deg(g) + \deg(h)$，而同余式中所有其他项的次数皆严格小于 $\deg(g) + \deg(h)$ 模 p^k，所以 $Q \equiv 0 \mod p^k$。引理证完。 □

现在我们由显示如何抬高因子分解式与抬高证明书，即给予 g, h, r, s，找出期望的 G, H, R, S 来证明定理。

为了抬高因子分解式，记 $f = gh + p^k u$，利用引理 22 去找出 A, B 适合 $u \equiv Ag + Bh \mod p^k$；这可以直接验证 $G = g + p^k B$ 及 $H = h + p^k A$ 满足 $f \equiv GH \mod p^{2k}$。

为了抬高证明书 $rg + sh \equiv 1 \mod p^k$，记 $rg + sh = 1 + p^k u$，利用引理 22 去找出 $u \equiv Ag + Bh \mod p^k$，并验证 $RG + SH \equiv 1 \mod p^{2k}$，此处 $R = r + p^k A$ 与 $S = s + p^k B$。

中国剩余定理

最后我们处理求解多项方程模任意正整数 n 的情况，这在于我们能够求解方程模 n 的素幂因子。中国剩余定理给出做这件事的直接途径，即当

n_i 互素时，利用 $f(x_1) \equiv 0 \mod n_1$ 与 $f(x_2) \equiv 0 \mod n_2$ 的解去产生一个 $\mathbb{Z}/(n_1n_2)\mathbb{Z}$ 中满足 $f(x) \equiv 0 \mod n_1n_2$ 的 x 的一个显式表示。

定理 23（中国剩余定理） 如果 m 与 n 互素，a 与 b 为任意整数，则存在一个整数 c 满足

$$c \equiv a \mod m, \quad c \equiv b \mod n。$$

任何两个这样的整数 c 模 mn 皆同余。

证 对 m, n 应用拓广的欧氏算法，找出 x 与 y 满足 $mx + ny = 1$。整数

$$c = any + bmx$$

显然同余于 $a \mod m$ 及 $b \mod n$。

如果 c' 亦满足这些不等式，则 $d = c - c'$ 被互素整数 m 与 n 整除，从而可以被 mn 整除。因此 c 与 c' 如所宣称的模 mn 互相同余。 □

这可以更代数地陈述如下。

推论 24 如果 $\gcd(m, n) = 1$，则环 $\mathbb{Z}/(mn)\mathbb{Z}$ 与 $\mathbb{Z}/m\mathbb{Z} \times \mathbb{Z}/n\mathbb{Z}$ 通过映射

$$x \mod mn \mapsto (x \mod m, x \mod n)$$

是同构的。同样，$\phi(mn) = \phi(m)\phi(n)$，此处 ϕ 为 Euler ϕ-函数。

事实上，上面中国剩余定理中的第一条陈述是说映射是满射，而第二条是说它是单射。两个环的直积中的单位是数对 (u, v)，此处 u 与 v 为对应环中的单位，所以由第一条陈述立即推出 ϕ 的可乘性。

如同约定的，定理显示了如何结合多项式方程的模解：若 $f(a) \equiv 0 \mod m$ 与 $f(b) \equiv 0 \mod n$，则应用中国剩余定理去找出 c 满足 $c \equiv a \mod m$ 与 $c \equiv b \mod n$；这些同余式推出 $f(c) \equiv 0 \mod mn$。由归纳法，这个技巧可以推广到多于两个模的情况：如果 $n_1, n_2, \cdots, n_k$ 两两互素，且 a_i 为给定整数，则存在一个整数 x，它唯一模 n_i 的乘积，并满足 $x \equiv a_i \mod n_i, 1 \leqslant i \leqslant k$。

事实上，有两个自然的归纳证明。k 个模的乘积 $n = \prod n_i$ 可以由 $n = n_1m$ 被约化为 $k = 2$ 的情况，此处 m 为 n_i 的乘积，其中 $i > 1$，或 $n = m_1m_2$，此处每一个 m_i 大约是一半的 n_i 的乘积。后面这个方法在实际应用中，明显地更有效些：在合理的假设下，每一个方法取 $O(k^2)$ 次算术运算，而第二个方法只取 $O(k \log k)$ 次初等运算。

二次扩张

一个域 F 的二次扩张 K 是一个包含 F 的域，它作为一个 F 向量空间，K 的维数为 2。这表示 K 同构于 $F[X]/(f(X))$，此处 $f(X) \in F[X]$ 为一个既约二次多项式。更具体些，$K = \{a + b\alpha : a, b \in F\}$，其中 $\alpha \in K$ 满足一个系数属于 F 的既约二次方程。最后，如果 $F = \mathbb{Q}$，则任何二次扩张皆同构于形如 $\mathbb{Q}\sqrt{d} = \{a + b\sqrt{d}\}$ 的一个复数子集，此处 d 为 $\mathbb{Q}$ 中一个非平方数。

在这一节中，我们考虑四种算法，它们或者被二次域扩张阐明，或者直接应用于二次域扩张。

Cipolla

令 p 为一个奇素数。始于 Cipolla［1902］的一个自然与直接的算法为在 $\mathbb{F}_p = \mathbb{Z}/p\mathbb{Z}$ 的一个二次扩张中取一个单个幂来求得平方根模 p。不像较早陈述的模平方根算法，它的运行时间独立于整除 $p-1$ 的 2 的幂。

一个多项式 $f(X) = X^2 - aX + b \in \mathbb{F}_p[X]$ 为既约的当且仅当它的判别式 $D := a^2 - 4b$ 为一个二次非剩余。令 $\alpha = [X]$ 为 $K := \mathbb{F}_p[X]/(f(x))$ 中的陪集，所以 K 可以看作线性多项式 $\{a + b\alpha : a, b \in \mathbb{F}_p\}$ 以通常方式相加并且利用恒等式 $\alpha^2 = a\alpha - b$ 相乘的集合。

在任意包含 $\mathbb{F}_p$ 的域中，映射 $\varphi(x) = x^p$ 是 K 的一个域自同构，有时被称为 Frobenius 映射。事实上，显然 φ 是可积的，而且 $\varphi(x + y) = (x + y)^p = x^p + y^p$ 可以由展开式的中间二项系数可被 p 整除而推知。进而言之，$\varphi(x) = x$ 当且仅当 $x \in \mathbb{F}_p$，这是由于 $\mathbb{F}_p$ 的每一个元素都是多项式 $x^p - x$ 的一个根，同时，一个 p 次多项式在域中最多只有 p 个根。

Cipolla 模平方根算法

输入：一个奇素数 p，一个二次剩余 $b \in \mathbb{F}_p$

输出：$u \in \mathbb{F}_p$ 满足 $u^2 = b$

1. 随机选取 a 直到 $a^2 - 4b$ 为一个模 p 二次非剩余
2. 返回 $\alpha^{(p+1)/2}$，此处 $\alpha := x^2 - ax + b$ 的一个根

当一个 a 在步骤 1 中被找到，则 $f(X) = X^2 - aX + b$ 为既约的，且上面的记号可用。应用 Frobenius 自同构 φ 于方程 $\alpha^2 - a\alpha + b = 0$ 去找到 $\beta := \alpha^p$，它亦是 f 的一个根，所以 $f(X) = (X - \alpha)(X - \beta)$。比较系数得

$$b = \alpha \cdot \beta = \alpha \cdot \alpha^p = \alpha^{(p+1)},$$

从而 $\alpha^{(p+1)/2}$ 是 b 的一个平方根，这证明了算法的正确性。尽管在 K 中做

了取幂，但最后结果仍在 $\mathbb{F}_p$ 中。

例 2 令 $p=37, a=34$。简单的 Legendre 符号计算表明 34 是一个二次剩余模 37，$b=1$ 产生了步骤 1 中的一个二次非剩余，所以 $f(x)=x^2-x+34$ 是既约的。利用 EXP 计算 $\alpha^{(p+1)/2}=\alpha^{19}$；在计算的每一步，我们将 α^2 换成 $\alpha-34=\alpha+3$ 并约化系数模 37。下表总结了计算：

k	α^k
2	$\alpha+3$
4	$\alpha^2+6\alpha+9=7\alpha+12$
8	$49\alpha^2+168\alpha+144=32\alpha+32=-5(\alpha+1)$
9	$-5(\alpha^2+\alpha)=-5(2\alpha+3)$
18	$25(4\alpha^2+12\alpha+9)=30\alpha+7$
19	$30\alpha^2+7\alpha=16$

如所预料，最后结果位于有 37 个元素的域中，而且 $16^2\equiv 34 \mod 37$。

Lucas–Lehmer

当 $n-1$ 的因子分解式已知时，定理 5 给出了验证 n 的素性的一个方法。由 Lucas 与 Lehmer 提出的类似素性检验为，当 $n+1$ 的素因子分解式已知时，n 的素性可以被有效地建立起来。

令 $f(X)=X^2-aX+b\in\mathbb{Z}[X]$ 为一个整系数既约多项式，$D:=a^2-4b$ 为它的判别式，并且 $R:=\mathbb{Z}[X]/(f(X))$。令 $\alpha:=[X]$ 及 $\beta:=a-\alpha$ 为 f 在 R 中的两个根。

对于 $k\geqslant 0$，定义 $V_k=\alpha^k+\beta^k\in R$。两个序列 $\{\alpha^k\}$ 与 $\{\beta^k\}$ 满足递推公式

$$s_{k+1}=as_k-bs_{k-1},$$

所以由线性性可知它们的和亦然。由于 $V_0=2$ 及 $V_1=a$ 为整数，所以所有的 V_k 皆为整数。更精细的“倍数”递推公式易于发现，允许 V_k 用 $O(\log k)$ 次算术运算被算出来；这等价于用 EXP 去计算一个矩阵的高次幂，需用到下列等式：

$$\begin{bmatrix} V_{k+2} & V_{k+1} \\ V_{k+1} & V_k \end{bmatrix}=\begin{bmatrix} a & -b \\ 1 & 0 \end{bmatrix}^k\begin{bmatrix} V_2 & V_1 \\ V_1 & V_0 \end{bmatrix}。$$

定理 25 令 n 为一个奇正整数，且 a,b 为整数使 $D=a^2-4b$ 满足

$$\left(\frac{D}{n}\right)=-1。$$

如上定义 V_k，并令 $m=(n+1)/2$。如果 $V_m \equiv 0 \mod n$ 及 $\gcd(V_{m/q},n)=1$ 对于所有 m 的素因子 q 皆成立，则 n 为一个素数。

证 令 p 为 n 的一个素因子满足

$$\left(\frac{D}{p}\right)=-1。$$

关于模 p 工作，即在

$$K:=R/pR=\mathbb{Z}[X]/(p,f(x))=\mathbb{F}_p[X]/(\bar{f}(x))$$

中，可知 $\bar{f}(x)\in\mathbb{F}_p[x]$ 是既约的，所以可以应用前一节的想法。因为一个既约二次多项式的根 α 与 β 非零，所以我们可以定义

$$u=\beta/\alpha=\alpha^p/\alpha=\alpha^{p-1}\in K。$$

由方程 $V_m\equiv 0 \mod p$ 推出 $\alpha^m=-\beta^m$，即 $u^m=-1$，则 $u^{2m}=1$。类似地，由方程 $V_{m/q}\not\equiv 0 \mod p$ 推出 $u^{2m/q}\neq 1$ 对于所有的 m 的素因子 q 成立。

因此 u 在 K 中有阶 $2m=n+1$。由于

$$u^{p+1}=(\alpha^{p-1})^{p+1}=\alpha^{p^2-1}=1,$$

所以 $p+1$ 可以被 $n+1$ 整除，这推出 $n=p$，即如宣称的 n 是一个素数。□

附记 11 如同较早所说的，依赖于 $n-1$ 的因子分解的素性验证那样，我们可以证明，只要将注意力限制在整除 $n+1$ 的一个因子 $F>\sqrt{n}$ 的素数 q 即可。

二次域的单位

如果 d 是一个非完全平方的有理数，则当 d 换成 de^2, $\mathbb{Q}$ 上的二次扩张 $F=\mathbb{Q}(\sqrt{d})=\{a+b\sqrt{d}:a,b\in\mathbb{Q}\}$ 是不变的。从现在起，我们将假定 d 是一个无平方因子整数，即它不被任何完全平方 $n^2>1$ 整除。如果 $d<0$，则 $\mathbb{Q}(\sqrt{d})$ 称为一个虚二次域，而当 $d>0$ 时，则 $\mathbb{Q}(\sqrt{d})$ 称为一个实二次域。

一个数域为 $\mathbb{Q}$ 上有限次的域。这些域是代数数论的核心主题，它在本卷接着的几篇文章中至关重要，例如，[Stevenhagen 2008a；2008b]。二次域 $\mathbb{Q}(\sqrt{d})$ 已经阐述了许多想法，它们出现于数域一般研究中。这是一个广阔且肥沃的研究领域。

令 $F=\mathbb{Q}(\sqrt{d})$。F 中整数环 $\mathcal{O}_F$ 是 $v\in F$ 的集合，其中 v 是一个整系

数首 1 多项式的根；这个环在 F 中的作用，恰如整数在 $\mathbb{Q}$ 中的作用。

命题 26 应用上述记号，$\mathcal{O}_F = \mathbb{Z}[w]$，此处

$$w = \begin{cases} \sqrt{d} & \text{若 } d \equiv 2 \text{ 或 } 3 \mod 4, \\ (1+\sqrt{d})/2 & \text{若 } d \equiv 1 \mod 4。\end{cases}$$

因此当 $d \equiv 2$ 或 $3 \mod 4$ 时，$\mathcal{O}_F = \mathbb{Z}[\sqrt{d}]$，而当 $d \equiv 1 \mod 4$ 时，

$$\mathcal{O}_F = \mathbb{Z}[w] = \left\{ \frac{x+y\sqrt{d}}{2} : x, y \in \mathbb{Z}, x \equiv y \mod 2 \right\}。$$

证明的关键为如果 $v = x + y\sqrt{d} \in F$ 为一个代数整数，则它满足方程 $X^2 - 2xX + (x^2 - dy^2) = 0$，由此推出 x，从而 y 或为整数，或为半整数；我们将细节交由读者去做。

有算法倾向的读者将看到整数环不是一个友好的对象。例如，在这个讨论中，我们已经假定 d 为一个无平方因子数。事实上，很难查明或验证一个大整数是否为无平方因子数，从而对于一般 d，不可能在 $F = \mathbb{Q}(\sqrt{d})$ 中找到整数环。见［Stevenhagen 2008a］关于这个的讨论，即对于一般数域，算法数论学家是如何处理这件事的。

现在，我们将注意力转来寻找二次域整数环的单位。

$\mathbb{Z}$ 中仅有的单位（有乘法逆元的元素）为 ± 1。为了找出二次域的单位，我们引入一些标准术语。

- 如果 $v = x + y\sqrt{d} \in F$，则 $v' = x - y\sqrt{d}$ 为 v 的**共轭**。
- $v = x + y\sqrt{d} \in F$ 的**范数**为

$$N(v) = vv' = (x+y\sqrt{d})(x-y\sqrt{d}) = x^2 - dy^2 \in \mathbb{Q}。$$

易于验证映射 $u \mapsto u'$ 是一个自同构，且由 $(uv)' = u'v'$ 推出范数映射是可积的：$N(uv) = N(u)N(v)$。

注意，如果 $d \equiv 2$ 或 $3 \mod 4$，则 $N(x+yw) = (x+yw)(x-yw) = x^2 - dy^2$，而当 $d \equiv 1 \mod 4$ 及 $w = (1+\sqrt{d})/2$ 时，

$$N(x+yw) = (x+yw)(x+yw') = x^2 - xy - \frac{d-1}{4}y^2。$$

引理 27 $\mathcal{O}_F$ 中的一个元素 u 是单位当且仅当 $N(u) = \pm 1$。

证 如果 $N(u) = \pm 1$，则 $u(\pm u') = 1$，从而 u 是一个单位。如果 v 是一个单位，则有一个 $u \in \mathcal{O}_F$ 使 $uv = 1$。取范数并利用范数的可积性即得

$N(u)N(v)=1$，所以 $N(u)$ 是 $\mathbb{Z}$ 中的一个单位，即 $N(u)=\pm 1$。 □

在虚二次域中只有有限多个单位，而且它们易于从上面给出的范数映射的显式来决定；细节仍留给读者自己去推演，结果是

定理 28 一个虚二次域 $F=\mathbb{Q}(\sqrt{d}), d<0$ 中的单位是：

$$\mathcal{O}_F^*=\begin{cases}\{\pm 1,\pm i\}, & 若\ d=-1,\\ \{\pm 1,\pm\omega,\pm\omega^2\}, & 若\ d=-3,\\ \{\pm 1\}, & 若\ d<-3。\end{cases}$$

环 $\mathbb{Z}[\sqrt{d}]$ 的单位为 $\{\pm 1\}$，除非 $d=-1$。

寻找实二次域（的整数环）中的单位相对地更有趣。如果 $d\equiv 2$ 或 $3 \mod 4$，则 $\mathcal{O}_F=\mathbb{Z}[\sqrt{d}]$，从而寻找单位等价于求解 Pell 方程［Lenstra 2008］

$$x^2-dy^2=\pm 1。$$

如果 $d\equiv 1 \mod 4$，则单位 $u=x+y\omega$ 对应于 $x^2-xy-\dfrac{y^2(d-1)}{4}=\pm 1$ 的解。乘以 4 并凑方，则它等价于 $X^2-dY^2=\pm 4$ 的整数解。

每一种情况下，寻找单位的问题皆约化为求解 Pell 方程或它的一个变体。这可以由寻求 ω 的连分数来做。

定理 29 如果 $F=\mathbb{Q}(\sqrt{d}), d>0$，且 $u=x-y\omega$ 为 $\mathcal{O}_F^*$ 中的一个单位，其中 x 与 y 为正的，则 x/y 为 ω 的连分数展开中的一个渐近分数。

如果 $u=x+y\omega$ 是一个单位，则 $-u, u'$ 与 $-u'$ 都是单位。如果 u 是一个单位，则 $\pm u, \pm u'$ 中的一个具有形式 $x-y\omega$，其中 x, y 为正的，所以限制于正的 x, y 是不重要的：任何单位都可以从一个渐近分数由换符号及/或取共轭而得到。

证 假定 $u=x-y\omega$ 为一个单位，其中 x 与 y 为正的。如果 $d\equiv 2$ 或 $3 \mod 4$，则 $x^2-dy^2=\pm 1$。进而言之，$d\geqslant 2$ 并且

$$\frac{x}{y}+\sqrt{d}=\sqrt{d\pm\frac{1}{y^2}}+\sqrt{d}\geqslant 1+\sqrt{2}>2。\tag{5.1}$$

由这个不等式及 $(x/y-\sqrt{d})(x/y+\sqrt{d})=\pm 1/y^2$ 得

$$\left|\frac{x}{y}-\sqrt{d}\right|<\frac{1}{2y^2},$$

所以由推论 18 可知 x/y 是 ω 的连分数中的一个渐近分数。

情况 $d \equiv 1 \mod 4$ 是类似的，但稍微麻烦一点。如果 $u = x - y\omega$ 为一个单位，则 $N(u) = x^2 - xy - (d-1)y^2/4 = \pm 1$。关于 x/y 求解这个二次方程 $(x/y)^2 - (x/y) - (d-1)/4 \pm 1/y^2 = 0$ 并作一些代数处理可知除去可能的情形 $d = 5, y = 1$ 外，

$$\frac{x}{y} - w' \geqslant 2。 \tag{5.2}$$

事实上，这个不等式等价于

$$\sqrt{d \pm 4/y^2} + \sqrt{d} \geqslant 4,$$

如果 $d > 5$（从而 $d \geqslant 13$），或如果 $y \geqslant 2$，则它易于验证。若这些情形之一成立，则如上进行：$\left(\frac{x}{y} - \omega\right)\left(\frac{x}{y} - \omega'\right) = \pm 1/y^2$ 及（5.2）推出 $|x/y - \omega| < 1/(2y^2)$，所以如前即得定理。如果 $d = 5$ 与 $y = 1$，则定理可以直接地来验证：$2/1$ 与 $1/1$ 都是渐近分数。 □

关于任意二次无理数的连分数有更多的话要说。我们列举一些最重要的事实。

（i）一个实数 α 的连分数是周期的当且仅当 α 是一个二次无理数。

（ii）一个二次无理数 α 的连分数是纯周期的当且仅当 $\alpha > 1$ 且 $-1 < \alpha' < 0$。

（iii）一个二次无理数 α 的连分数可以完全地由整数算术计算出来；α_k 有形式 $(P_k + \sqrt{d})/Q_k$，其中 P_k, Q_k 为整数，此处 Q_k 整除 $d - P_k^2$，并且这些整数由递推关系决定

$$a_k = \lfloor \alpha_k \rfloor, \quad P_{k+1} = a_k Q_k - P_k, \quad Q_{k+1} = \frac{d - P_{k+1}^2}{Q_k}。$$

（iv）ω 的连分数的周期为 $O(\sqrt{d}\log d)$。$\sqrt{d}$ 与 $(1+\sqrt{d})/2$ 的连分数分别有形状

$$[a; \overline{P, 2a}], \quad [a, \overline{P, 2a-1}],$$

此处 a 是一正整数，序列 $P = a_1, a_2, \cdots, a_2, a_1$ 是一个回文，且 a_i 小于 a。

（v）如果连分数的周期为 r，则第 $(r-1)$ 个渐近分数对应于一个所谓的基本单位 u，而任何其他单位都有形式 $\pm u^n$，其中 n 为整数；即

$$\mathcal{O}_F^* = \{\pm u^n : u \in \mathbb{Z}\} \backsimeq \mathbb{Z} \times \mathbb{Z}/2\mathbb{Z}。$$

（vi）$\mathbb{Z}[\sqrt{d}]^*$ 在 $\mathcal{O}_F^*$ 中的指标为 1 或 3。

（vii）$\mathbb{Q}(\sqrt{d})$ 的基本生成单位有范数 -1 当且仅当 P 有偶长度。在这种情况下，范数为 1 的单位有形式 $\pm u^{2k}$。

Smith–Cornacchia 算法

在这一节中，整数 d 与 n 满足 $0<d<n$，我们考虑方程

$$x^2+dy^2=n \tag{5.3}$$

的整数解 x, y。注意，解这个方程的问题等价于

$$(x+y\sqrt{-d})(x-y\sqrt{-d})=n,$$

即寻找 $\mathbb{Z}[\sqrt{-d}]$ 中范数为 n 的元素。固定 d，并令 $R=\mathbb{Z}[\sqrt{-d}]$。

一个互素解 x, y 称为**本原的**。任意互素解皆决定了 $-d \mod n$ 的一个平方根 $t=x/y \mod n$；实际上，

$$t^2+d=(x^2+dy^2)/y^2\equiv 0 \mod n;$$

满足 $1\leqslant t<n$ 的唯一的这种 t 有时称为解的型（*signature*）。

一个型决定了一个由 $\sqrt{-d}$ 至 t 来定义的 R 至 $\mathbb{Z}/n\mathbb{Z}$ 的映射。这个环同态的核为主理想

$$I_t=(x+y\sqrt{-d})R=nR+(t+\sqrt{-d})R。$$

Smith–Cornacchia 算法有两个步骤：决定所有潜（potential）型 t，及用欧氏算法确定理想 $I_t:=nR+(t+\sqrt{-d})R$ 中为主理想者。

给予方程 $x^2+dy^2=n$ 的一个本原解 (x,y)，它具有型 t，由

$$z=\frac{ty-x}{n}$$

定义一个整数 z，所以 $x=ty-nz$。用 $2ny^2$ 除不等式

$$|2xy|\leqslant x^2+y^2\leqslant x^2+dy^2=n$$

得

$$\left|\frac{x}{ny}\right|=\left|\frac{t}{n}-\frac{z}{y}\right|\leqslant\frac{1}{2y^2}。$$

所以由推论 18 推出 z/y 是 t/n 的（有限）连分数的一个渐近分数。

因此，欲求解（5.3），只看看计算 t/n 的连分数的渐近分数，并且看看是否有某分母给出 x^2+dy^2 中的解 y 即可。

事实上，这样做略为简单些，即只需在用于 t 与 n 的欧氏算法中对剩余明了即可；其实，$|x|$ 是一个剩余，而方程 $x^2+dy^2=n$ 可以对 y 来求解。由于 $x\leqslant\sqrt{n}$，所以剩余可以在至少低于 $\sqrt{n}$ 的点中算出来。

例 3　如果 $d=5, n=12829$，则我们首先找 $-5 \mod 12829$ 的一个平方根 t。因为 n 是一个素数，所以除一个符号外平方根是唯一的；事实上，

由 Cipolla 算法得出 $t=\pm 3705$ 是没有困难的。欧氏算法中的剩余序列为 12829，3705，1714，277，52，17，1。低于 $\sqrt{12829}$ 的第一个 x 即合所需：

$$x=52, \quad y=\sqrt{(n-x^2)/5}=45, \quad 52^2+5\cdot 45^2=12829。$$

定理 30 如果 $x^2+dy^2=n$ 的一个本原解有型 t，则 $|x|$ 是欧氏算法用于 t 与 n 的最大的（即第一个遇到的）小于 $\sqrt{n}$ 的剩余。进而言之，(x,y) 是（本质地）有型 t 的唯一解：如果 (u,v) 是另一个这种解，则当 $d>1$ 时，$(x,y)=\pm(u,v)$，而当 $d=1$ 时，可能会对换次序，即 $(x,y)=\pm(u,v)$ 或 $(x,y)=\pm(v,u)$。

证（亦见［Nitaj 1995；Schoof 1995］） 令 x 为小于 $\sqrt{n}$ 的第一个剩余。假定方程有型 t 的某个解 $(u,v): u^2+dv^2=n, u\equiv ty \mod n$。假定 $u\neq\pm x$，则 $|u|$ 为对于 t 与 n，在剩余序列中的一个相继项。由欧氏算法可知存在 z,z' 满足 $x=yt-zn$ 与 $u=vt-z'n$。剩余的绝对值是递减的，所以 $x>u$，且 t 的系数的绝对值是递增的，从而 $|y|<|v|$。我们已知 $x^2+dy^2\equiv(t^2+d)y^2\equiv 0 \mod n$。进而言之，

$$x^2+dy^2<n+dv^2=n+d\cdot\frac{n-dv^2}{d}<2n。$$

因为我们亦知道 x^2+dy^2 被 n 整除，所以 $x^2+dy^2=n$。

两个不同的解 x,y 与 u,v 决定了 I_t 的生成元 $x+y\sqrt{-d}$ 与 $u+v\sqrt{-d}$，从而 R 中有一个单位 a 满足 $x+y\sqrt{-d}=a(u+v\sqrt{-d})$。若 $d>1$，则仅有的单位为 ± 1。若 $d=1$，则 $a=\pm i$ 是可能的，这些就是定理中所有的情况。

□

Smith–Cornacchia 算法

输入： 互素的正整数 d 与 n

输出： $x^2+dy^2=n$ 所有的本原解（可能没有）

1. 找出 $t^2+d\equiv 0 \mod n$ 所有（小于 n）的正解
2. 对于每一个解 t，在用于 n 与 t 的欧氏算法中找出小于 $\sqrt{n}$ 的第一个剩余 x；如果 $y:=\sqrt{(n-x^2)/d}$ 是一个整数，则输出 (x,y)。

算法的第二步是有效的。不幸的是第一步一般不是，这是由于它要求一个模平方根。无论如何，在 n 为一个素数的特殊情况下，这一步可以由一个概率算法有效地来做。

例 4 $d=1$ 的特别情形是有趣的，它是将一个整数表示为两个平方和的经典问题。由 Euler 判别法，-1 为一个二次剩余模一个奇素数 p 当且仅

当 p 同余于 1 模 4，而这个算法给出了 Euler 结果一个构造性证明，即这些恰好是那些素数，它们是两个平方之和。进而言之，这证明了如果 z 是一个 Gauss 整数，则在 $\mathbb{Z}[i]$ 中 z 的因子分解约化为在整数中 $N(z)$ 的因子分解问题。进一步的细节，见［Bressoud and Wayon 2000］。

参考文献

[Agrawal et al. 2004] M. Agrawal, N. Kayal, and N. Saxena, "PRIMES is in P" *Ann. of Math.* (2) **160**:2 (2004),781–793.

[Bach 1990] E. Bach, "Explicit bounds for primality testing and related problems", *Math. Comp.* **55**:191 (1990), 355–380.

[Bach and Shallit 1996] E. Bach and J. Shallit, *Algorithmic number theory, I: Efficient algorithms*, MIT Press, Cambridge, MA, 1996.

[Bernstein 2008] D. Bernstein, "Fast multiplication and its applications", pp. 325–384 in *Surveys in algorithmic number theory*, edited by J. P. Buhler and P. Stevenhagen, Math. Sci. Res. Inst. Publ. **44**, Cambridge University Press, New York, 2008.

[Bressoud and Wagon 2000] D. Bressoud and S. Wagon, *A course in computational number theory*, Key College, Emeryville, CA, 2000.

[Cassels 1986] J. W. S. Cassels, *Local fields*, London Mathematical Society Student Texts **3**, Cambridge University Press, Cambridge, 1986.

[Cipolla 1902] M. Cipolla, "La determinazione assintotica dell'n^{imo} numero primo", *Rend. Accad. Sci. Fis. Mat. Napoli* **8** (1902), 132–166.

[Cohen 1993] H. Cohen, *A course in computational algebraic number theory*, Graduate Texts in Mathematics **138**, Springer, Berlin, 1993.

[Cox 1989] D. A. Cox, *Primes of the form x^2+ny^2: Fermat, Class field theory and complex multiplication*, Wiley, New York, 1989.

[Crandall and Pomerance 2005] R. Crandall and C. Pomerance, *Prime numbers: A computational perspective*, 2nd ed., Springer, New York, 2005.

[Damgård et al. 1993] I.Damgård, P. Landrock, and C. Pomerance, "Average case error estimates for the strong probable prime test", *Math. Comp.* **61**:203 (1993), 177–194.

[Davis 1973] M. Davis, "Hilbert's tenth problem is unsolvable", *Amer. Math. Monthly* **80** (1973), 233–269.

[Flajolet and Vallée 1998] P. Flajolet and B. Vallée, "Continued fraction algorithms, functional operators, and structure constants", *Theoret. Comput. Sci.* **194**:1-2 (1998), 1–34.

[Garey and Johnson 1979] M. R. Garey and D. S. Johnson, *Computers and intractability: A guide to the theory of NP-completeness*, W. H. Freeman, San Francisco, 1979.

[von zur Gathen and Gerhard 2003] J. von zur Gathen and J. Gerhard, *Modern computer algebra*, 2nd ed., Cambridge University Press, Cambridge, 2003.

[Granville 2008] A. Granville, "Smooth numbers: computational theory and beyond", pp. 267–323 in *Surveys in algorithmic number theory*, edited by J. P. Buhler and P. Stevenhagen, Math. Sci. Res. Inst. Publ. **44**, Cambridge University Press, New York, 2008.

[Hopcroft and Ullman 1979] J. E. Hopcroft and J. D. Ullman, *Introduction to automata theory, languages, and computation*, Addison-Wesley, Reading, MA, 1979.

[Knuth 1981] D. E. Knuth, *The art of computer programming, II: Seminumerical algorithms*, 2nd ed., Addison-Wesley, Reading, MA, 1981.

[Koblitz 1984] N. Koblitz, *p-adic numbers, p-adic analysis, and zeta-functions*, 2nd ed., Graduate Texts in Mathematics **58**, Springer, New York, 1984.

[Kozen 2006] D. C. Kozen, *Theory of computation*, Springer, London, 2006.

[Lenstra 1987] H. W. Lenstra, Jr., "Factoring integers with elliptic curves", *Ann. of Math.* (2) **126**:3 (1987), 649–673.

[Lenstra 2008] H. W. Lenstra, Jr., "Solving the Pell equation", pp. 1–23 in *Surveys in algorithmic number theory*, edited by J. P. Buhler and P. Stevenhagen, Math. Sci. Res Inst. Publ. **44**, Cambridge University Press, New York, 2008.

[Lenstra and Lenstra 1993] A. K. Lenstra and H. W. Lenstra, Jr. (editors), *The development of the number field sieve*, Lecture Notes in Mathematics **1554**, Springer, Berlin, 1993.

[Lenstra and Pomerance 1992] H. W. Lenstra, Jr. and C. Pomerance, "A rigorous time bound for factoring integers", *J. Amer. Math. Soc.* **5**:3 (1992), 483–516.

[Matiyasevich 1993] Y. V. Matiyasevich, *Hilbert's tenth problem*, MIT Press, Cambridge, MA, 1993.

[Nitaj 1995] A. Nitaj, "L'algorithme de Cornacchia", *Exposition. Math.* **13**:4 (1995), 358–365.

[Pollard 1978] J. M. Pollard, "Monte Carlo methods for index computation (mod p)", *Math. Comp.* **32**:143 (1978), 918–924.

[Pomerance 2008] C. Pomerance, "Elementary thoughts on discrete logarithms", pp. 385–396 in *Surveys in algorithmic number theory*, edited by J. P. Buhler and P. Stevenhagen, Math. Sci. Res. Inst. Publ. **44**, Cambridge University Press, New York, 2008.

[Poonen 2008] B. Poonen, "Elliptic curves", pp. 183–207 in *Surveys in algorithmic number theory*, edited by J. P. Buhler and P. Stevenhagen, Math. Sci. Res. Inst. Publ. **44**, Cambridge University Press, New York, 2008.

[van der Poorten 1986] A. J. van der Poorten, "An introduction to continued fractions", pp. 99–138 in *Diophantine analysis* (Kensington, 1985), edited by J. H. Loxton and A. J. van der Poorten, London Math. Soc. Lecture Note Ser. **109**, Cambridge Univ. Press, Cambridge, 1986.

[Schirokauer 2008] O. Schirokauer, "The impact of the number field sieve on the discrete logarithm problem in finite fields", pp. 397–420 in *Surveys in algorithmic number theory*, edited by J. P. Buhler and P. Stevenhagen, Math. Sci. Res. Inst. Publ. **44**, Cambridge University Press, New York, 2008.

[Schönhage 1971] A. Schönhage, “Schnelle Berechnung von Kettenbruchentwicklungen”, *Acta Informatica* **1** (1971), 139–144.

[Schoof 1985] R. Schoof, “Elliptic curves over finite fields and the computation of square roots mod p”, *Math. Comp.* **44**:170 (1985), 483–494.

[Schoof 1995] R. Schoof, “Counting points on elliptic curves over finite fields”, *J. Théor. Nombres Bordeaux* **7**:1 (1995), 219–254.

[Schoof 2008a] R. Schoof, “Computing Arakelov class groups”, pp. 447–495 in *Surveys in algorithmic number theory*, edited by J. P. Buhler and P. Stevenhagen, Math. Sci. Res. Inst. Publ. **44**, Cambridge University Press, New York, 2008.

[Schoof 2008b] R. Schoof, “Four primality testing algorithms”, pp. 101–125 in *Surveys in algorithmic number theory*, edited by J. P. Buhler and P. Stevenhagen, Math. Sci. Res. Inst. Publ. **44**, Cambridge University Press, New York, 2008.

[Serre 1973] J.-P. Serre, *A course in arithmetic*, Graduate Texts in Mathematics **7**, Springer, New York, 1973.

[Shor 1997] P. W. Shor, “Polynomial-time algorithms for prime factorization and discrete logarithms on a quantum computer”, *SIAM J. Comput.* **26**:5 (1997), 1484–1509.

[Shoup 2005] V. Shoup. *A computational introduction to number theory and algebra*, Cambridge University Press, Cambridge, 2005.

[Stevenhagen 2008a] P. Stevenhagen, “The arithmetic of number rings”, pp. 209–266 in *Surveys in algorithmic number theory*, edited by J. P. Buhler and P. Stevenhagen, Math. Sci. Res. Inst. Publ. **44**, Cambridge University Press, New York, 2008.

[Stevenhagen 2008b] P. Stevenhagen, “The number field sieve”, pp. 83–100 in *Surveys in algorithmic number theory*, edited by J. P. Buhler and P. Stevenhagen, Math. Sci. Res. Inst. Publ. **44**, Cambridge University Press, New York, 2008.

[Teske 2001] E. Teske, “Square-root algorithms for the discrete logarithm problem”, pp. 283–301 in *Public-key cryptography and computational number theory* (Warsaw, 2000), edited by K. Alster et al., de Gruyter, Berlin, 2001.

[Yui and Top 2008] N. Yui and J. Top, “Congruent number problems in dimension one and two”, pp. 613–639 in *Surveys in algorithmic number theory*, edited by J. P. Buhler and P. Stevenhagen, Math. Sci. Res. Inst. Publ. **44**, Cambridge University Press, New York, 2008.

（译者注：本文译自 *Algorithmic Number Theory*, Edited by J. P. Buhler and P. Stevenhagen，Camb. Univ. Press，2008 。这篇文章是基础性质的文章，作者不采用严格的讲法，而是启发式讲法，对已学过初等数论，但并未了解实际算法的人来说，是十分重要的读物。）

中国的一次数学访问

(1976 年 5 月)

译者：安彦斌

美国纯粹和应用数学代表团于 1976 年 5 月访问了中国，简要报告如下。代表团由九位数学家 Edgar H. Brown，Jr.、George F. Carrier、Walter Feit、Joseph B. Keller、Victor L. Klee，Jr.、Joseph J. Kohn、Saunders Mac Lane（主席）、Henry O. Pollak、伍鸿熙，一位东方学者 Carl Leban 和一位职员 Anne Fitzgerald 组成。这次访问由美中学术交流委员会支持，该委员会由美国国家科学院、社会科学研究理事会、美国学术团体理事会共同发起。代表团的访问颇具吸引力，富有成效，我们希望以后继续与中国数学家的交流。

代表团在北京访问了中国科学院数学所、大气所以及北京大学、清华大学，并在北京饭店与来自中国科学院力学所、青岛海洋所、生物物理所和数学所的科学家进行讨论。代表团还访问了一家内燃机车厂、一家印刷机械厂和一家汽车隔热厂，来了解数学的应用。代表团的部分成员访问了哈尔滨和附近的大庆油田，来更多地了解数学在工业中的应用。在那之后，整个代表团在苏州观光一天，然后去上海访问复旦大学和华东师范大学。

在每一个机构有一个开场简介，在这之后，代表团通常分为小组。在很多场合，各小组同时访问不同的机构。代表团在逗留期间听了六十场以上的演讲，其成员作了二十场演讲。

我们所到各处受到热情接待。在许多专业方面的访问之外，我们还观光游览，并受各城市主办方之邀参加极好的宴会。中国科学技术协会副主席周培源和中国科学院领导成员刘华清在北京烤鸭店宴请我们，数学所领导、著名的数论学家华罗庚邀请我们在颐和园的美景中午餐。在北京的最后一天，我们在人民大会堂受到中国全国人民代表大会常务委员会副委员长姚连蔚的接待。

我们的访问证实了这样一个事实：数学是一种国际语言。远离特定的文化环境和政治考虑，基本的数学概念是普遍的，而且在所有语言中，大多数的数学记号是相同的。因此，数学为国际交流的发展和在不同国家的科学家之间建立共同兴趣提供了一个有效的话题。与中国科学家建立有意义的联系，并尽可能多地了解中国数学研究、数学应用和数学教育的现状，是纯粹和应用数学代表团的任务。

虽然数学的实质是超越国界的，但是它在一时一地的发展状态取决于当地的社会经济条件。在中国，数学许多本土发展在 14 世纪显著减少，仅在 20 世纪逐渐复苏。1949 年中华人民共和国成立之后有一段较强的活跃时期，但是被 1966 年开始的“文化大革命”所终止。那时所有的大学都受到了冲击，直到 1970 年对科学的各领域（包括数学）的研究和培养制定了新的政策。口号“科学必须为社会服务”和“教育必须理论与实践相结合”概括了新的政策。口号被解释为研究应该集中于实际的问题，教育应该以具体的应用为基础。

在数学方面，新的政策意味着：大多数研究应该在应用数学方面；数学主题应该是应用学科。但是，在中国没有已建立的应用数学方面的传统。这产生若干主要结果。一方面，中国在计算机科学方面有了巨大的飞跃，并能够非常迅速地达到诸如排队论等领域的前沿。在经典应用数学方面，有限元法的理论在中国独立地发现。另一方面，大多数应用研究是在工程数学及其应用方面。

尽管当前强调应用方面，“文化大革命”之前培养的数学家仍将他们的一些时间致力于纯粹数学的研究。即使在这些有限制的环境下，纯粹数学方面的很多研究是第一流的，而且近来的一些结果也体现了重要的贡献。在 Goldbach 猜想和 Nevanlinna 理论方面的工作应该受到格外注意。对于现代代数拓扑学也有实质的贡献。

在其他许多课题中也进行着坚实的工作，但是中国的数学工作被中国数学家的隔绝和专业中缺乏新鲜血液所束缚。当前，大学数学系的学制仅为三年，并且在数学方面迄今没有有组织的研究生工作。因此，数学教育没有达到非常先进的水平。

因为我们仅访问了一个数学研究所、四所大学以及大约十二家工厂，所以我们的观察和结论是建立在相对小的样本的基础上的。通过已发表的工作判断，我们很可能看到了纯粹数学方面的大多数的最好的研究中心。但是，因为应用数学分布更加广泛，我们仅看到了它的很小的一部分。在大学，我们仅访问了数学系，因此在诸如计算机科学和信息理论的相关领域看到的很少。我们对中等教育仅有最低限度的接触。我们看到的工厂都是地方性独立经营的，我们观察到了初等统计学和运筹学的许多应用，以及经典数学物理的一些应用。但是，全国规模的数学应用没有展示给我们，例如在电信、数理经济学、全国性的定价和计划、军事或核能应用等方面。我们应该注意到这些局限。

本文余下部分描述我们观察的关于纯粹和应用数学的多个分支在中国的状况。一个完整的报告将在不久的将来在美中交流委员会的支持下发表。从我们出行以来，中华人民共和国有重大的政治变化，所以我们提醒读者：我们对数学现状的评估可能不是对未来发展的精确预测。

经典应用数学

第一，在以下方面似乎没有研究工作：发明和开发解微分和积分方程的新技术、已有技术的新颖变化及与这些技术相关的根本基础问题。这些活动在西方构成经典应用数学的一个本质的部分，并且对科学和技术极为重要。第二，似乎并不知晓在世界其他地方过去三十年中开发的经典应用数学的各种各样的方法。这包括奇异扰动理论、边界层分析、射线方法、匹配渐进展开方法、二时与多尺度技术、拐点理论、一致渐进展开方法等。虽然这些方法统治着当前西方在经典应用数学方面的工作，但是它们在我们看到的中国的工作中似乎是完全没有的。（我们提醒读者：我们所看到的也许只能代表中国的一小部分成就。）第三，中国的应用数学通常针对非常专门的技术问题，而不是旨在大类问题的解的一般性质。作为替代，它似乎是以特定问题的特定解为目标，通常利用电子计算机通过数值方法找到。这为大部分工作赋予了工程分析的性质，而非应用数学。第四，使用了应用数学的许多旧的标准技术。这包括分离变量、傅里叶和拉普拉斯变换、特征方程展开等。当这些方法不适用时，就不能求助现代分析方法，而是代之以在电子计算机上使用数值方法。因此，既没有对简单问题得到精确清晰的解，也没有对特定的复杂问题得到数值解。

前面的记述明确了电子计算机在中国的应用数学方面起到重大作用。人们可能期待数值分析方面的大量活动，但除去有限元方法这一重要例外，情况并非如此。有限元方法被广泛使用和研究。事实上，它由冯康在 20 世纪 60 年代早期独立开发。（他最近提出了由拼接在一起的不同维数的流形构成的域上的椭圆偏微分方程理论，以分析复杂弹性结构，而且他将有限元方法推广到了这类方程。）为加速有限元方法的应用，设计了将平面区域分为三角形的机器处理程序。为处理奇点，开发了对有限元方法的一个变形，它使用了无限多个相似的元素。

中华人民共和国的研究工作缺乏现代西方应用数学的影响，与之相比更加令人不安的是，缺乏可能纠正这个差异的任何教育方面的努力。似乎没有系统化的尝试来教育年轻人，提供在这些现代技术方面的技能储备，以及对由这些技术研究的自然现象的理解。这样的储备随着中国的工业日益发展，将必然成为中国的极其重要的资源。

运筹学

运筹学基本方法的培训出现在一些中学和工厂的短期课程。大学的运筹学工作在数学系或专门的运筹学系进行。但是，中国科学院数学所的运筹室对发展运筹学的新方法似乎有主要的职责，他们识别已知方法对中国工业和农业中的问题的适用性，并且宣传信息。我们的报告主要基于与中国科学院数学所的运筹室的接触，以及与工业、农业中的运筹学使用者的接触。

中国科学院数学所的运筹室当前大约有三十名成员，通常他们中的七至十人外出做顾问。成员的行程广泛遍及全国，他们讲课并对问题提出建议。这项工作特别活跃的是数学所所长华罗庚，他因为早期在解析数论方面的工作在国际知名。他访问了全国的所有部门，并曾经一次向 10 万听众作优化方面的讲座（通过电话网络）。他是若干大型项目的顾问，并通过他的门生，作许多小一些的项目的顾问。单在一个省，多于 5000 人当前服务于运筹学团队。

近年（1971—1974）来，室里的工作主要关注普及运筹学的三种方法，它们是优选法、临界路径法和正交试验法。所有这些都应用于许多实际问题，例如：华罗庚估计自从“文化大革命”，优选法已应用于 10 万个以上的生产问题。优选法包括 Kiefer 对单元单峰函数优化的“斐波那契搜索”，以及密切相关的“黄金分割搜索”。（当许多实验能够同时实现时，出现了有趣的数学问题，洪家威在一篇文章中处理了这些问题：《中国科学》17（1974），160–180。）优选法的一个优势是它可以向不熟悉代数的工人们解释，这遵照了中国的“工人可以取得几乎任何成就”的信条。在我们遇到的优选法的一些使用中，一种通过多项式插入的方法很可能更加有效，尽管在数学上的要求稍微多一些。

正交试验法指的是块设计的标准使用。我们在一家内燃机车修理厂看到了这个技术的有效应用，并且被详细告知了在大型采伐作业和在农业公社的应用。（一些应用涉及工人的互助，他们的一些方式在其他国家也许不可能存在。）

尽管我们仅仅详细了解上面提到的三种基本方法，但是更复杂方法已经在一些实例中应用，并且被室里成员很好地理解。如下内容被提及了：单纯形算法（利用 Bartels–Golub 方法减少舍入误差）、Dantzig–Wolfe 分解过程、下料问题的 Gilmore–Gomory 方法、应用于整数编程问题的分支定界方法、优化的最陡降技术、无约束优化的各种直接（无梯度）方法、逼近不动点的 Eaves–Kuhn–Scarf 方法等。下面描述的为室里成员当前工作的主要领域：优选法、数学编程（包括临界路径法、单纯形法、网络编程）、随机优化（包括排队问题、马尔可夫决策问题和模拟）、运筹学与质量控制、数理经济学。

代数

中国这时很少有代数方面的研究。北京的数学所的一个小的代数群体从事算法构造方面的工作。代数学家万哲先在北京向我们作了关于二进制递归数列的演讲。

在北京大学，段学复开设了群论方面的研讨班。与在美国的一些本科课程中找到的材料相比，这个研讨班事实上是一个基于基础材料的课程。有试验性计划在未来涵盖更多高级主题。几年前，洪家威出自这样的研讨班并且写出了模表示理论方面的一篇出色的文章；他最近得到了关于最优搜索的一个问题（见上文）的决定性的结果。在复旦大学，许永华从事一般代数结构方面的工作。

拓扑学

在数学所有十一名拓扑学家，他们中的四名现在从事更偏向应用的数学领域。北京大学和复旦大学的若干人曾经从事拓扑学工作，继续对之感兴趣，但是当前没有正在做该领域的研究。

吴文俊和王启明研究了 Dennis Sullivan 在有理同伦方面的工作，并在这个领域做了进一步的工作。张素诚和他的一个学生一直在利用通过骨架过滤 CW 复形而得到的谱序列计算上同伦群。若干年前，微分拓扑方面做了一些工作（例如：欧氏空间中流形的浸入），但是因为由“文化大革命”出现的研究工作优先顺序，这些工作没有发表或继续。数学所拓扑组的成员一直在研究 K-理论和突变理论。

拓扑学家们也在寻找拓扑学的新应用，但是这当然是非常困难的。他们不在工厂或不参与政治讨论组的时候，从事拓扑学本身的工作，这似乎是一种留出相当数量的时间来做研究的安排。最年轻的拓扑学家是三十四岁。

总之，在拓扑方面正在做着一些好的工作，但是这是一个低优先级的领域，并且拓扑学家承受相当大的压力，要他们转向应用数学。

分析

数量很少的数学家在从事分析方面的工作。一些原创性的工作确实是杰出的，并且当把产生这些工作的隔绝状态也考虑进去的时候，这就更加令人印象深刻。特别地，解析数论和亚纯函数方面的工作是卓越的（见下文）。最近《数学学报》中出现了偏微分方程和拟微分算子方面的许多文章，这些文章显示了对这个学科的掌握并构成了坚实的贡献。齐性域上的多复变函数也正在被研究。我们有这样的一个印象：实际上分析方面没有年轻人正在被培养，而且分析的广泛领域没有被涵盖。

解析数论

在解析数论方面，华罗庚的一群学生在数学所做出了优秀的工作。那里近年达到的杰出结果是陈景润的定理（1966 年，全文发表在《中国科学》16（1973），157–176），这是在哥德巴赫猜想方面的最好结果。他证明了每个足够大的偶数是一个素数与一个整数之和，其中这个整数或者是一个素数，或者是两个素数之积。最近陈的证明由研究所的其他成员丁夏畦、潘承洞和王元简化。

虽然我们没有找到谁在代数数论方面工作，但是我们看到了华罗庚和王元的一些合作使用了分圆域的性质，以及解析数论在积分的数值方法的一个问题中的深刻结果。

复分析

中国数学在复分析方面最值得注意的贡献在于 Nevanlinna 理论，这是在北京数学所杨乐和张广厚的工作中的。这个领域要求强大的技术，被全世界的许多专家仔细钻研了五十年。杨和张关于 Borel 方向和亚纯函数的亏值数有了既新颖又深刻的发现。例如：

定理 1 已知 $\rho, 0<\rho<\infty$ 和单位圆上的一个非空闭集 E，则存在一个 ρ 级亚纯函数，使得 E 是它的 Borel 方向的集合。

定理 2 设 f 是 ρ 级亚纯函数，$0<\rho<\infty$，并设 f 至少有一个亏值。如果有 q 条 Borel 方向，那么如下二者之一成立：

（1）$q=1$ 且 $\rho<\dfrac{1}{2}$；或

（2）存在两条 Borel 方向，其夹角不超过 $\dfrac{\pi}{\rho}$。

就我们所知，这两位数学家是完全隔绝的，尽管不久之前曾有 Nevanlinna 理论的完整学派，他们是从熊庆来的先驱工作中成长起来的。在北京也有人对多复变函数感兴趣，主要是由于华在经典型对称有界域上的工作。

微分几何

在改进有界流形的 Gauss−Bonnet 定理方面，和在紧黎曼流形上的拉普拉斯算子的特征值方面，有最新的工作。在浙江大学，曾有苏步青领导的古典几何学家的学派，但是当成员们成为应用数学家时，这个学派消失了。在北京大学，有人对动力系统方面的叶状结构感兴趣是明显的，但是发表的结果尚不能得到。

关于我们在中国看到的数学的简短总结到此结束。更完备的信息，包括讲座的摘要，可在 1977 年春末通过美中交流委员会得到。

（北京师范大学　安彦斌译，中国科学院数学研究所　杨乐校）

编后记：发表美国纯粹和应用数学代表团在 1976 年对中国的访问，源于复旦大学数学学院黄宣国教授给《数学与人文》编辑小组的一封信。他在信中介绍了 1978 年《上海科技简报》刊登的一篇文章，是上海科学技术情报研究所对上述代表团访问报告的编译。我们重新翻译了发表在《美国数学会通讯》1977 年 24 卷第 2 期上的报告原文。同时将黄老师和情报研究所文章中关于人才培养的一段附在后面。

附　对培养数学人才的看法

总的来看，中国这样一个大国，从事数学的人数是少得很不相称的。我们关切的是中国在数学领域中，缺乏有系统的人才培养。中国当前偏重于应用数学的科研和教育，这不利于为将来需要的知识、技能提供储备力量。随着国家的发展，某些科技方面的问题——有些将是中国的特殊问题——必然会产生，要适应它的需要，必须加强过硬而多面数学技能的基本训练。

如果把制订科研政策放在某些没有第一流的科研成就的专业管理人员手里，这对任何一个国家都是一种潜在危险。中国有时会把科技上资历不够的人放上领导和决策的岗位，这一情况将会导致科研水平下降和科研人员积极性被挫伤。解决这个问题的最好办法，是发展一支独特的、第一流的科研和教学队伍。

“文化大革命”后，在中国出现了根本不存在特殊才能的平均主义观念。但我们从研究数学中得到的经验，使我们相信才能并不是平均分摊的，特殊的天赋要通过特殊培养才能发展。中国如此强调一致性，对具有现代西方思想的人来说是难以理解的。传统的西方思想认为，一些重大的科学进展都是依靠“突破”，这些“突破”短期内往往不能被人接受。根据我们的经验，数学的进步，与其他科学一样，最主要的依靠对象，是那些敢于打破传统观念，具有新思想的人。我们的观点是数学的茁壮成长，需要征集一批有特殊天赋的青年；在综合考虑天才、能动和兴趣的条件下，选拔少数能发挥特殊作用的人，专门从事数学研究工作。另外，在着眼于有数学天才学生时，切勿忽略还有一些学生，虽然他们没有特殊天赋，但他们可能成为数学的应用者，因此，对他们也要注意培养。

古代亚历山大的数学

Demetrios Christodoulou

译者：杨　扬

众所周知，古亚历山大图书馆是当时所谓“博物馆”的一部分，然而这个词并非指现代意义上的博物馆，而是指一所大学——历史上第一所大学，而其中的教授之一正是享誉世界的数学传统之父——欧几里得（Euclid），也被称作“亚历山大的欧几里得”。他的代表作《几何原本》是数学思想史上首次里程碑式的成就，对于之后的科学思想产生了巨大影响。

我将从下面的讨论中诠释其原因。首先我将以一个十分初等但却基本的例子作为开始，即欧几里得关于“素数集是无限集”的证明。在以下讨论中，“数”指“正整数”。首先回忆，素数是指那些只能被自身和单位元整除的数，从某种意义上讲，它们是构造所有正整数的基本元素，因为其他数都是合数，是由素数之积构造而来的。通过简单的考察即可发现，素数的个数随着数字的不断增大而变得越来越稀少，因此问题出现了：素数是否在某处终止出现？即是否存在最后一个素数，使得其后的所有数都是合数？欧几里得是第一个提出该问题并给出解答的人，其解决方式堪称完美。

注意到由于这是关于无限的问题，因此计算机是无法解答的，只有人的思想可以做到。以下是欧几里得的证明：从反面假定素数集是有限的，那么我们可以把所有的素数（不考虑单位元）按升序排列：

$$p_1, p_2, \cdots, p_n,$$

之后考虑数

$$M = \Pi + 1, \quad \text{其中 } \Pi \text{ 是乘积 } p_1 p_2 \cdots p_n,$$

该数大于最后一个素数 p_n，则一定是合数，那么 M 一定有一个素因子，假设为 q，则 q 一定是

$$p_1, p_2, \cdots, p_n$$

中的一个，但若 $q = p_k$，其中 k 是 $1, 2, \cdots, n$ 中的某个值，那么由于 q 整

除 M 且也整除乘积 Π，则它也一定整除它们的差，即单位元 1，但这是荒谬的，因为除了单位元自身以外，没有其他数能够整除单位元，而我们已经不考虑单位元，因此原来假设的反面必定成立，即，素数集一定是无限集。

虽然上面的证明很简单，但它仍然被认为是所有数学范畴中最为精炼的证明之一，深入思考这一简单的数学点滴所包含思想史上的变革意义，有以下三点：第一，人的思想可以提出一个关于无限的问题；第二，人的思想能够最终完满地解答这个问题；第三，真理的获得可以通过说明其反面假设会导致矛盾。事实上，从欧几里得时代到现今时代，所有伟大的数学证明都沿用了欧几里得的反证法。

欧几里得的《几何原本》包含 13 卷，其中最先进的是第 5 卷，古代注解者告诉我们，在这一卷里详细论述的理论，即所谓的“比例论”，是欧多克索斯（Eudoxus）的发现，他是与伟大哲学家亚里士多德（Aristotle）同时代的一位数学家，欧几里得本人可能是他的学生。如同所有欧几里得之前的古希腊数学家一样，欧多克索斯的所有著作均已失传，但他的工作却通过欧几里得继承下来。比例论是一个关于连续量，诸如长度、面积、体积、时间段、重量等的理论，在这里我们所讨论的是一个外围普遍意义上的理论，也是最基本的理论。

要理解欧多克索斯所讨论的问题，我们必须回到公元前 6 至前 5 世纪，当时属于古希腊数学背景下的史前时期，这是因为关于那个时期我们所拥有的只有神话传说。公元前 6 世纪的神话人物毕达哥拉斯（Pythagoras）宣称“万物皆数”。在一些比较具体的事物上，例如连续量，这一理论的含义在于，两个相同类型量之间的关系可以表达为两个正整数的比。实际上，如果假定任意给定两个长度 a 和 a'，那么我们可以找到一个适当小的长度 u 使得 a 和 a' 都是 u 的整倍数，即存在正整数 m 和 m' 使得

$$a = mu \quad 且 \quad a' = m'u。$$

我们称 a 和 a' 是可公度的（也称作可通约的[1]），u 作为单位量，是它们的一个公约量。

a 与 a' 的关系就是 m 与 m' 的关系，这也就定义了“有理数”

$$\frac{m}{m'}。$$

然而，在公元前 5 世纪，毕达哥拉斯学派的哲学理论及其追随者遭受了一次毁灭性的打击，他们其中的一员，可能是希帕索斯（Hippasus），在尝试寻找一个正方形或正五边形的边与对角线长度的公约量时，却得到了一个矛盾，一场危机随即出现，它几乎使当时数学的发展停滞不前。

---

[1]译者注

几何学中最基本的几个定理的证明，甚至是著名的毕达哥拉斯定理的早期证明所依据的相似三角形理论，都使用了“所有相同类型的一对量都是可公度的”这样一个错误的假设。

这场危机直到欧多克索斯提出其比例论之后才得以克服，他做出了抽象概念上的一个重大飞跃，即意识到不应尝试直接给出“连续量”这一概念的定义，而应通过规定“一个量可以通过乘以一个正整数而得到另一个相同类型的量，且相同类型的两个量可以进行比较”来间接进行。

同样，也不要试图直接定义什么是两个相同类型量之间的“关系”或“比”，而只应定义两个比相等的含义。假设 a 与 a' 的比和 b 与 b' 的比相等，a 和 a' 是相同类型的量，例如长度，而 b 和 b' 也是相同类型的量，例如时间段，但不必要与第一对量的种类相同。欧多克索斯的想法如下：首先考虑先前可以处理的情况，即 a 与 a' 是可公度的情况，那么由上可知，存在正整数 m 和 m' 使得

$$m'a = ma';$$

类似地，如果 b 和 b' 是可公度的，则存在正整数 n 和 n' 使得

$$n'b = nb',$$

则 a 与 a' 的比和 b 与 b' 的比相等就是两个有理数的相等：

$$\frac{m}{m'} = \frac{n}{n'}。$$

之后考虑一般情形，即这两对量都不一定是可公度的量。无论怎样对正整数对 (m, m') 取值，要么成立 $m'a \leqslant ma'$，要么成立 $m'a \geqslant ma'$，且如果量 a, a' 是不可公度的，则相等的情况永远不会出现。以下是欧多克索斯的定义，即《几何原本》第 5 卷中著名的第五定义：

如果 a 和 a' 是相同类型的量，b 和 b' 是相同类型的量，我们说 a 与 a' 的比和 b 与 b' 的比相等，如果对于每一对正整数 (m, m')，有 $m'a \leqslant ma'$ 当且仅当 $m'b \leqslant mb'$，且 $m'a \geqslant ma'$ 当且仅当 $m'b \geqslant mb'$。

在整个数学史当中，这一理论在抽象概念领域的飞跃是无可比拟的。实际上，直到 19 世纪下半叶德国数学家戴德金的工作出现之前，欧几里得《几何原本》第 5 卷所包含的理论一直没有被世人充分领悟。我们注意到，依照欧多克索斯的定义，任意一对相同类型的量将所有正整数对构成的集合分成两个子集 N_1, N_2，划分的原则是 $m'a \leqslant ma'$ 或 $m'a \geqslant ma'$。这两个子集拥有公共元素当且仅当量 a 和 a' 是可公度的。显而易见，这个划分实际上对应了一个有理数集的划分，把有理数集分成两个子集 Q_1, Q_2，Q_1, Q_2 由以下形式的有理数组成：

$$\frac{m}{m'},$$

其中 (m, m') 分别来自子集 N_1 和 N_2。

如果 q_1 是 Q_1 中的元素，q_2 是 Q_2 中的元素，则总有 $q_1 \geqslant q_2$，且 Q_1 和 Q_2 有公共元素当且仅当 a 和 a' 是可公度的。之后戴德金沿袭了上述欧几里得在第 5 卷中的定义，实际上将“比”，即现代术语中的“实数”，恰好等同于这样一个有理数集的划分，此外，戴德金的定义标志着现代分析的起点。上述文字说明了即便欧多克索斯本人的作品早已失传，但他仍被看作历史上最伟大的数学家之一的原因。

最后我要讨论的是欧几里得本人最重要的贡献，即后来世人皆知的“欧氏几何”。为了恰当评价这一贡献的重要性，我们必须回到人类文明的开端，即古埃及文明和同时代的美索不达米亚文明，在这些始于公元前 3000 年左右的最早文明中，人们发现了一些经验法则，它们可以为一些源于日常生活的几何问题提供答案。在古埃及，频繁泛滥的尼罗河经常将不同地产之间的界限冲刷掉，并且会使某些地产面积增加，而另外一些减少。在每次泛滥之后，法老王的测量员不得不重新划定界限并且再次计算每一地产的面积，以便于收税。根据古代相关记载，这就是促使平面几何中经验准则发现的最原始推动力。

另一方面，金字塔的建造者面临立体几何中更具挑战性的问题，经验主义阶段的几何学中最瞩目的成就包含在今莫斯科埃及博物馆的一张纸草书上，它给出了一个正方形底座的直立金字塔体积的正确计算法则，这与其中一座埃及大金字塔的高度及底座每条边的长度情况相似。

古希腊人在公元前 1000 年左右登上历史舞台，他们与古埃及有着千丝万缕的联系，因此，更为古老的古埃及法老文明对于古希腊文明的孕育有着重要影响，后者成为前者的继承体。然而这样的联系并没有与美索不达米亚文明建立起来，这不仅是由于更加遥远的地理距离，同时也因为美索不达米亚文明与古埃及文明并不相同，曾再三遭受毁灭性的挫败。相传毕达哥拉斯曾在古埃及学习超过 20 年之久，当他最终回到古希腊时，带回了古埃及经验主义几何学的珍宝。正如我已经提到的，古希腊数学的最初阶段是笼罩在神话传说之中的。

虽然如此，可以肯定的一点是，他和他的追随者逐渐开始发现不同经验事实之间的逻辑关系。例如，后人发现，“毕达哥拉斯定理”是关于相似三角形事实的逻辑结果（我在这里提一下，“毕达哥拉斯定理”所对应的经验准则在早于毕达哥拉斯 1200 年以前的美索不达米亚文明就已经被知晓了，然而目前没有证据表明古埃及文明也知道它）。同样发现的还有“三角形的三个角之和等于两个直角”这一事实，是平行线性质的逻辑结果。在公元前 4 世纪的某一时间，“几何学所有理论可以源于几条基本准则”这一绝妙的想法出现。

然而从何处开始，如何去寻找这些基本准则？这在当时肯定是个极其艰难的问题。由于几何是既可以依靠感觉又可以依靠理智来认识的东西，而且我们几乎不可能避免犯这样一类错误，即，使用某些假设，它们在肉眼看来是显然的，并且可能没有明确叙述出来。因此，某些看上去是这些基本准则逻辑结果的东西，实际上是一些我们潜意识里认为理所应当的假设所得到的结果。亚里士多德，作为系统逻辑学的创始人，在其《前分析篇》中指出，平行线理论中就包含了这种循环论证现象。

这就是为什么欧几里得的巨大成就在于，成功发现五条基本公设，使得一切平面几何理论可以依靠纯粹逻辑推理得到。特别引人瞩目之处在于他意识到了亚里士多德的异议只能通过引入他的第五公设才能克服。他的其他四条公设都是简单的叙述，例如他的第一公设表述为“对于任意一对点，一定存在一条直线段将其连接”，然而他的第五公设并不是如此简单的，以下是其原始表述：

若一条直线与另外两条直线相交，使得同旁内角之和小于两个直角，那么这两条直线如果无限延伸，将会在这对同旁内角一侧相交。

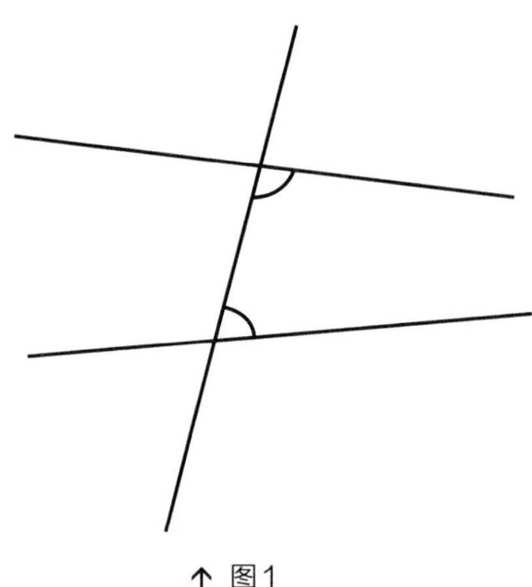

↑ 图1

这是数学史上最著名的公设。在长达两千年的时间里，一系列很有才能的数学家认为欧几里得的处理存在缺陷，并曾尝试证明第五公设可以通过其他四条得到。最终在 19 世纪上半叶，当人们发现如果放宽第五公设的限制，则将会得到一种新的几何学，欧几里得理论的正确性才得以证明。这个关于“非欧几何”的发现是数学史上的重要转折点之一。

总而言之，欧几里得将几何学建立在公设基础上，提供了假设演绎法的首个范例，在此之后发展起来的所有精密科学领域中的主要理论，都沿袭了他的方式。

下图是菲尔兹奖章的正面和背面，国际数学家大会每四年在世界上不同

的城市举办一次。我希望在不久的将来，亚历山大能够被选为举办城市，这应当是最适合不过的。作为大会的中心活动，菲尔兹奖被授予两至四位 40 岁以下、对数学事业作出最重要贡献的数学家。即使有对年龄的限制，菲尔兹奖仍被看作是数学的诺贝尔奖。事实上，它在数学家当中的重视程度比诺贝尔奖在物理学家当中的重视程度还要高，这是因为诺贝尔奖是由瑞典皇家科学院评定，并由瑞典国王授予的，授予仪式只邀请了数量有限的来宾，而菲尔兹奖是由国际数学联盟评定，大会举办国元首授予，并且出席大会的是来自世界各地的上万名数学家。

菲尔兹奖章的正面描绘着一位被许多人（当然包括我在内）认为是史上最伟大的数学家——阿基米德（Archimedes）的头像，他的希腊文名字被刻在头像右边。他曾经是古亚历山大博物馆的一名学生，专心致志地听从他的老师——欧几里得的教诲。

拉丁文刻字的含义是：

“超越自我，掌握世界。”

菲尔兹奖章的背面描绘了一组他自己生前要求刻在自己坟墓上的图形，一个含有内接球的圆柱体，我在下文中会有所解释。拉丁文刻字的含义是：

“授予全世界作出杰出贡献的数学家。”

阿基米德年轻时在古亚历山大学习，在那里他取得了一些早期的伟大数学发现，同时也与科农（Conon）结下了终生友谊，后者后来成为了古埃及皇家天文学家。在阿基米德回到自己的故乡，位于西西里岛的锡拉库扎（Syracuse）后，他仍然与古亚历山大的学者们保持联系，直到他去世。当时的数学家如果想让自己的作品被其他人阅读，就要把它寄送到古亚历山大图书馆。

从古代作家所记录的有趣细节当中，我们可以得知他的个性品格。他是一个文雅滑稽的人，一位不拘小节的教授之典型，完全陷入自己的思索当中。

当时的人们洗澡时间很长，之后还会给自己身上涂抹油脂，阿基米德在洗完澡之后会在自己涂过油脂的皮肤上画几个小时的图形。有一次，当他突然间想到了一个他一直在钻研的问题的答案时，他马上停止了洗澡，光着身子跑到外面的大街上大喊："我发现它了！我发现它了！"然而他在这方面的行为表现最终带来的却是他的死亡。他的故乡被古罗马军团洗劫，到处都是烧杀抢掠，但即使面对如此暴乱，当时已经是一位老人的阿基米德，正坐在他的图形前思索，当一个士兵走过去踩在他的图形上时，他大叫："不要踩坏我的圆！"因此，恼羞成怒的士兵杀害了他。

现在我要讲关于那个内接球和圆柱体的问题。球面当然是最简单的曲面，是一个最简单的立体图形——球体的表面。然而，尽管许多伟大的数学家已经超越了阿基米德，但是没有人能够求出一个球体的表面积。像现在一样，数学中最困难的问题是最简单的问题，并且存在已久。阿基米德写了两本题为《论球和圆柱》(第一、二卷)的书来论述球面几何，其中第一卷的倒数第三和倒数第二个定理给出了一个更一般意义上问题的解答，即求解一个球面被任意平面所截得的球面弓形的表面积[2]。

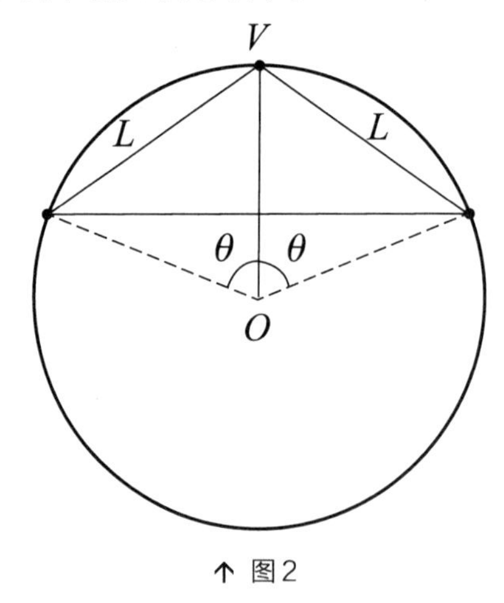

↑ 图2

考虑一条过球心 O 的直线，它垂直于被平面所截的球面弓形的底面圆盘，与球面交于点 V。底面圆盘圆周上的所有点到点 V 有着相同的距离 L。阿基米德的定理很直白地告诉我们，这一球面弓形的表面积等于半径为 L 的圆盘的面积。如果该球面弓形对应的扇形区域具有如图所示的角度 θ，且 R 是球半径，则我们有

$$L = 2R\sin\frac{\theta}{2},$$

而半径为 L 的圆盘面积为

$$\pi L^2 = 4\pi R^2 \sin^2\frac{\theta}{2} = 2\pi R^2(1-\cos\theta),$$

[2]以下提到的"球面弓形"的表面积不包含底面。—— 译者注

因此定理所叙述的是

$$\text{球面弓形的表面积} = 2\pi R^2(1-\cos\theta)。$$

现在我将要给出一个大致的概要，用以说明他当时是如何得到这一结果的。他考虑了一个包含线段 OV 的平面，该平面截球面得到一个圆，截球面弓形的底面圆盘得到一条垂直于 OV 的线段，球面弓形与该平面的交线是上述圆被该线段截得的弓形，阿基米德将一个多边形的 $2n$ 条长度相等的边内接于这个弓形中，之后考虑由上述多边形绕线段 OV 旋转而生成的面，该面由多边形的边生成，包含 n 个锥面，每个锥面由多边形的一条边绕轴 OV 旋转得到。

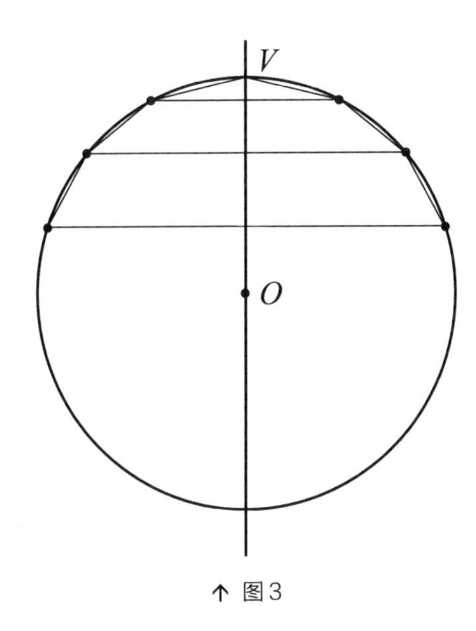

↑ 图3

由一条线段（在这里是多边形的一条边，设长度为 s）经过绕轴旋转（在这里是 OV）生成的锥面的表面积为

$$A = 2\pi s \cdot \frac{1}{2}(r_1 + r_2),$$

其中 r_1 和 r_2 是该线段两端点到旋转轴的距离。此处，对于第 m 个锥面，$m = 1, \cdots, n$,

$$s = 2R\sin\frac{\theta}{2n}, \quad r_1 = R\sin\frac{m\theta}{n}, \quad r_2 = R\sin\frac{(m-1)\theta}{n}。$$

因此，A_m，即第 m 个锥面的面积，为

$$A_m = 2\pi R^2 \cdot 2\sin\frac{\theta}{2n} \cdot \frac{1}{2}\left(\sin\frac{m\theta}{n} + \sin\frac{(m-1)\theta}{n}\right)。$$

这之后，阿基米德得出，由内接多边形旋转得到的表面面积为

$$\sum_{m=1}^{n} A_m = 2\pi R^2 \left(S_n + \sin\frac{\theta}{2n}\sin\theta \right),$$

这给出了球面弓形表面积的一个下界。此处 S_n 是级数

$$S_n = \sum_{m=1}^{n-1} 2\sin\frac{\theta}{2n}\sin\frac{m\theta}{n}。$$

阿基米德用一种巧妙的方式从几何意义上得到了一个 S_n 的表达式。

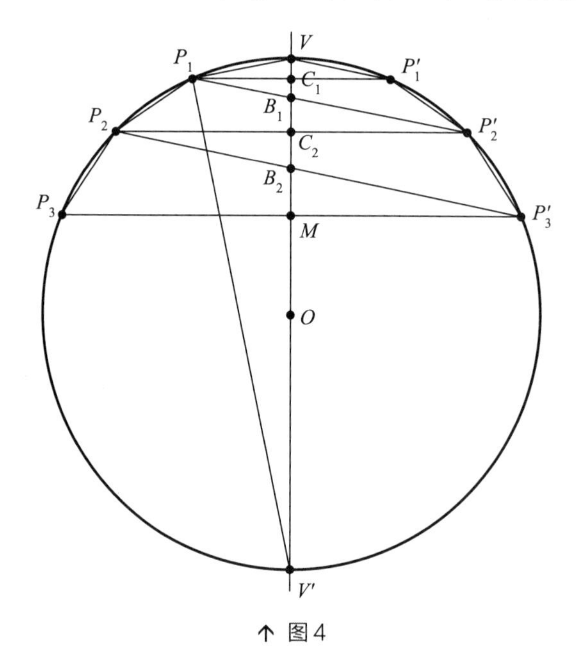

↑ 图4

令 $P_1, \cdots, P_n$ 是多边形在点 V 左侧的点，$P_1', \cdots, P_n'$ 是点 V 右侧相应的点，点 V' 是点 V 的对径点，线段 $P_1P_1', \cdots, P_nP_n'$ 与直径 VV' 分别交于点 $C_1, \cdots, C_n = M$，连接 $P_1P_2', \cdots, P_{n-1}P_n'$，它们分别交 VV' 于点 $B_1, \cdots, B_{n-1}$。注意到相等的弧所对应的圆周角相等，由相似三角形得

$$\frac{C_1P_1'}{VC_1} = \frac{P_1C_1}{C_1B_1} = \frac{C_2P_2'}{B_1C_2} = \frac{P_2C_2}{C_2B_2} = \cdots = \frac{C_nP_n'}{B_{n-1}C_n},$$

所有这些比值都等于所有分子相加之和与所有分母相加之和的比值，但由于

$$P_1C_1 + C_1P_1' = P_1P_1', \cdots, P_{n-1}C_{n-1} + C_{n-1}P_{n-1}' = P_{n-1}P_{n-1}',$$

则所有分子之和等于

$$\sum_{m=1}^{n-1} P_mP_m' + C_nP_n';$$

同样，由于

$$VC_1 + C_1B_1 = VB_1, \quad B_1C_2 + C_2B_2 = B_1B_2, \cdots, B_{n-2}C_{n-1} + C_{n-1}B_{n-1} = B_{n-2}B_{n-1},$$

所有分母之和为

$$VB_1 + B_1B_2 + \cdots + B_{n-2}B_{n-1} + B_{n-1}C_n,$$

而这就是

$$VC_n。$$

另一方面，这些比值都有下面公共值

$$\frac{C_1P_1'}{VC_1} = \frac{P_1V'}{P_1V},$$

这一等式同样是通过相似三角形得到的。我们有以下结论：

$$\frac{\sum_{m=1}^{n-1} P_mP_m' + C_nP_n'}{VC_n} = \frac{P_1V'}{P_1V}。$$

现在，我们有

$$P_mP_m' = 2R\sin\frac{m\theta}{n}, \quad C_nP_n' = R\sin\theta,$$
$$VC_n = R(1-\cos\theta),$$
$$P_1V' = 2R\cos\frac{\theta}{2n}, \quad P_1V = 2R\sin\frac{\theta}{2n},$$

因此，我们刚才得到的等式等价于

$$\frac{\sum_{m=1}^{n-1} 2\sin\frac{m\theta}{n} + \sin\theta}{1-\cos\theta} = \frac{\cos\frac{\theta}{2n}}{\sin\frac{\theta}{2n}},$$

回忆求和级数 S_n 的定义，则由上式立得 S_n 的表达式为

$$S_n = \cos\frac{\theta}{2n}(1-\cos\theta) - \sin\frac{\theta}{2n}\sin\theta,$$

继续令 $n \to \infty$，由于

$$\sin\frac{\theta}{2n} \to 0, \quad \cos\frac{\theta}{2n} \to 1,$$

我们得到

$$S_n \to 1-\cos\theta。$$

因此

$$\sum_{m=1}^{n} A_m \to 2\pi R^2(1-\cos\theta),$$

这就是球面弓形的表面积，定理成立。

我略微简化了证明过程，阿基米德的处理方法实际上是更加严密的，因为他同时考虑到了对应的外切多边形，它的边平行于内接多边形的边。他用类似的办法得到了外切多边形旋转产生的面积，这给出了球面弓形表面积的一个上界。

此外，对于 n 的不同取值，他证明了每一个上界值大于相应的下界值，由上界值组成的序列在逐渐减小，而下界值组成的序列在逐渐增大，且当 $n\to\infty$ 时，对于相同的 n 值，对应的上下界值之差将逐渐趋近于零，至此证毕。注意到，求和级数 S_n 当 $n\to\infty$ 时代表了我们现今采用如下记法表示的积分：

$$\int_0^{\theta} \sin\theta' \mathrm{d}\theta',$$

因此阿基米德的上述结果等价于下式：

$$\int_0^{\theta} \sin\theta' \mathrm{d}\theta' = 1-\cos\theta。$$

阿基米德的作品包含了大量定理，内容涉及平面区域的面积、立体图形的体积及其边界面的面积，以及平面区域和立体图形的重心，重心的概念是他自己引入的。像求解球面弓形一样，他在所有这些领域引入的解决方法早于如今的积分学方法近两千年。

最后，我来讨论阿基米德最引人注目的工作，即静水力学，《论浮体》(第一、二卷)。除在几何学作出重要贡献之外，阿基米德是将数学领域推广应用于物理世界的第一人，他创立了光学、力学和静水力学。让我们仔细考虑一下这意味着什么，这说明了在这三个领域中的每一个，他都独自一人进行了必要的观察和实验，通过这种方式发现经验法则，之后发现了基本概念和与其相关的基本原理，并在公理化基础上建立起一套理论。在几何学中需要数千年时间的工作在单独一人的一生之中就完成了。在力学中，他引进了力的概念，它不仅是一个具有方向的量，而且沿一条直线作用。因此阿基米德认为的力是一条具有方向的线，并且被赋予一个量值，即力的大小。

这之后它引入了力矩的概念，它包含一个作为参照的点，我们称之为原点，一个力相对于一个给定原点的力矩，是一个向量，其大小等于力的大小与原点到力所在直线的距离之积，其方向垂直于包含这条直线及原点的平面，其平衡条件是所有力的合力为零，且相对于给定原点的所有力矩之和为零。

当第一个条件满足时，力矩之和不依赖于原点的选取。如果任何对于平衡位置的改变都将导致趋于恢复到初始位置的合力与合力矩，那么我们称之为稳定平衡。

在静水力学中，当一个物体部分浸没于一种液体中时，以液体的自由液面为水平面，有两个力作用在物体上，其重力，作用于物体重心，方向竖直向下，而浮力作用于被浸没的部分物体的重心，方向竖直向上，大小与被取代的液体的重力相等。

阿基米德并没有停止对于这些理论的建立，他继续通过解决其中出现的最困难的问题来充分发展自己建立的理论。这些问题的解答描述了物理世界中所观察到的现象。阿基米德最引人注目的作品是《论浮体》第二卷，其中详尽研究了具有如下条件之物体的平衡位置及其稳定性问题：1. 给定密度；2. 形状为被垂直于旋转轴的平面所截的旋转抛物面；3. 浮在一种密度更高的液体中。其中包含了 10 条定理，我将要给出定理 2，4 和 8 的叙述，从而可以让我们体会其中的复杂程度。

我们用 σ 表示物体的密度，用 ρ 表示液体的密度，并始终假设 $\sigma < \rho$，因而物体可以浮在液体上，同时，用 h 表示抛物面弓形的高度，a 表示底面圆盘的半径，我们用 p 表示长度：

$$p = \frac{a^2}{h}$$

（这是生成抛物线的“主参数”）。

定理 2 表述为：

如果

$$h \leqslant \frac{3}{4}p$$

且物体以倾斜于竖直方向的任一角度被放置在液体中，但底面不接触液体表面，则物体将不会保持该状态，而是会回复到其轴处于竖直时的位置。

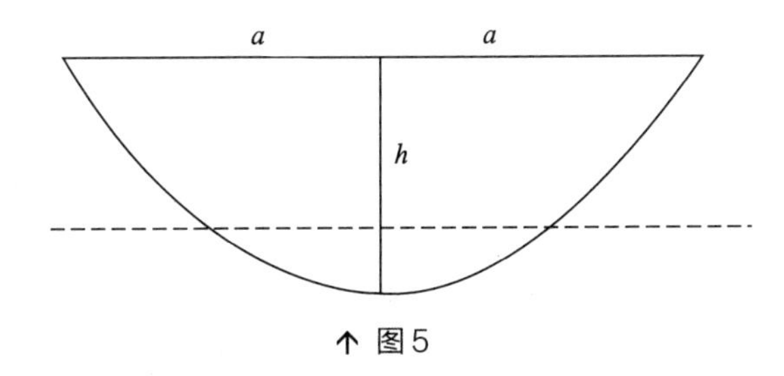

↑ 图5

定理 4 表述为：

如果

$$h > \frac{3}{4}p \quad \text{且} \quad \frac{\sigma}{\rho} \geqslant \frac{\left(h - \frac{3}{4}p\right)^2}{h^2}$$

则将得到和前述定理一样的结论。

另一方面，定理 8 表述为：

如果

$$h > \frac{3}{4}p \quad \text{但} \quad h < \frac{15}{8}p \quad \text{且} \quad \frac{\sigma}{\rho} < \frac{\left(h - \frac{3}{4}p\right)^2}{h^2}$$

且物体以倾斜于竖直方向的任一角度被放置在液体中，但底面不接触液体表面，则物体将不会回复到其轴处于竖直时的位置，且除轴与水平方向呈正文中描述的角度之外，物体在任何位置都不会保持原有状态。

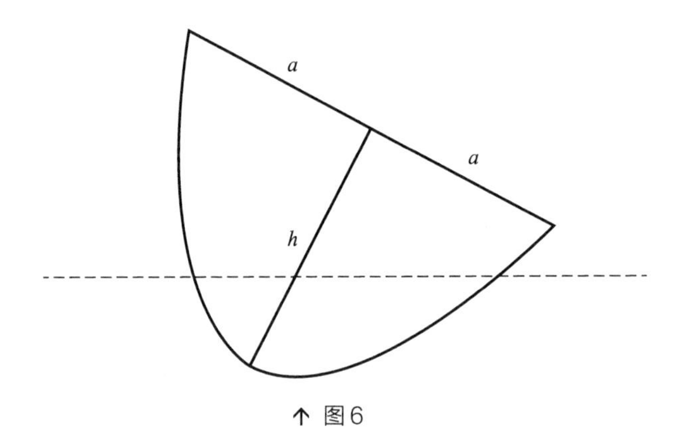

↑ 图6

最后一个定理，定理 10，处理了剩余的情况，即以下情形：

$$h \geqslant \frac{15}{8}p \quad \text{且} \quad \frac{\sigma}{\rho} < \frac{\left(h - \frac{3}{4}p\right)^2}{h^2},$$

这是最复杂的情形。

总而言之，阿基米德亲历了包括观察和实验、经验法则、对适当概念的发明、对基本准则的发现及理论的建立、对解决其中出现的问题的数学方法的开发，以及最终通过对物理现象的定量描述而对这些问题进行的解答这一系列在内的整个过程。这代表了一项我认为在人类历史上无与伦比的成就。

（北京师范大学教育学部课程与教学论研究生　杨　扬译）

科学素养丛书

序号	书名	著译者
1	Klein 数学讲座	F. 克莱因 著, 陈光还 译, 徐佩 校
2	Littlewood 数学随笔集	J. E. 李特尔伍德 著, 李培廉 译
3	直观几何 (上册)	D. 希尔伯特, S. 康福森 著, 王联芳 译, 江泽涵 校
4	直观几何 (下册)	D. 希尔伯特, S. 康福森 著, 王联芳、齐民友译
5	惠更斯与巴罗, 牛顿与胡克 —— 数学分析与突变理论的起步, 从渐伸线到准晶体	B. И. 阿诺尔德 著, 李培廉 译
6	人生 艺术 几何	M. 吉卡 著, 盛立人 译
7	关于概率的哲学随笔	P. S. 拉普拉斯 著, 龚光鲁、钱敏平 译
8	代数基本概念	I. R. 沙法列维奇 著, 李福安 译
9	数学及其历史	John Stillwell 著, 袁向东、冯绪宁 译
10	数学天书中的证明 (第 4 版)	Martin Aigner, Gunter M. Ziegler 著, 冯荣权 等译
11	解码者：数学探秘之旅	Jean F. Dars, Annick Lesne, Anne Papillault 著, 李锋 译
12	数论：从汉穆拉比到勒让德的历史导引	A. Weil 著, 胥鸣伟 译
13	数学在 19 世纪的发展 (第一卷)	F. Kelin 著, 齐民友 译
14	数学在 19 世纪的发展 (第二卷)	F. Kelin 著, 李培廉 译
15	初等几何的著名问题	F. Kelin 著, 沈一兵 译
16	著名几何问题及其解法：尺规作图的历史	B. Bold 著, 郑元禄 译
17	趣味密码术与密写术	M. Gardner 著, 王善平 译
18	莫斯科智力游戏：359 道数学趣味题	B. A. Kordemsky 著, 叶其孝 译
19	智者的困惑 —— 混沌分形漫谈	丁玖 著
20	数学与人文	丘成桐 等 主编, 姚恩瑜 副主编
21	传奇数学家华罗庚	丘成桐 等 主编, 冯克勤 副主编
22	陈省身与几何学的发展	丘成桐 等 主编, 王善平 副主编
23	女性与数学	丘成桐 等 主编, 李文林 副主编
24	数学与教育	丘成桐 等 主编, 张英伯 副主编
25	数学无处不在	丘成桐 等 主编, 李方 副主编
26	魅力数学	丘成桐 等 主编, 李文林 副主编
27	数学与求学	丘成桐 等 主编, 张英伯 副主编
28	回望数学	丘成桐 等 主编, 李方 副主编
29	数学前沿	丘成桐 等 主编, 曲安京 副主编
30	好的数学	丘成桐 等 主编, 曲安京 副主编
31	百年数学	丘成桐 等 主编, 李文林 副主编
32	数学与对称	丘成桐 等 主编, 王善平 副主编

图书在版编目（CIP）数据

数学与求学／丘成桐，杨乐，季理真主编. -- 北京：高等教育出版社，2012.7（2014.12重印）
（数学与人文. 第8辑）
ISBN 978-7-04-034304-5

Ⅰ. ①数… Ⅱ. ①丘… ②杨… ③季… Ⅲ. ①数学教学-教学研究-高等学校-文集 Ⅳ. ①O1-4

中国版本图书馆CIP数据核字（2012）第145709号

出 品 人　苏雨恒
总 监 制　吴　向
总 策 划　李冰祥
策　　划　李　鹏
责任编辑　李　鹏
书籍设计　王凌波
版式设计　范晓红
责任校对　刘　莉
责任印制　韩　刚

出版发行　高等教育出版社
社　　址　北京市西城区德外大街4号
邮政编码　100120
购书热线　010-58581118
咨询电话　400-810-0598
网　　址　http://www.hep.edu.cn
　　　　　http://www.hep.com.cn
网上订购　http://www.landraco.com
　　　　　http://www.landraco.com.cn
印　　刷　涿州市星河印刷有限公司
开　　本　787mm×1092mm　1/16
印　　张　10.75
字　　数　190千字
版　　次　2012年7月第1版
印　　次　2014年12月第2次印刷
定　　价　25.00元

物 料 号　34304-00